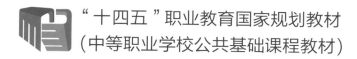

"十四五"职业教育国家规划教材
（中等职业学校公共基础课程教材）

信息技术
（拓展模块）

——信息终端操作与维护

总主编：罗光春　胡钦太

主　编：吴甚其　邓三鹏

副主编：万钊友　范　萍

参　编：蒋国一　陈　伟　祁宇明
　　　　刘志勇　郝明明

北京理工大学出版社
BEIJING INSTITUTE OF TECHNOLOGY PRESS

内 容 简 介

本教材依据《中等职业学校信息技术课程标准（2020年版）》研发，作为信息技术基础模块的拓展与加深。本书主要内容包含计算机与移动终端维护、机器人操作2个专题，教材内容选取包含信息技术最新研究成果及发展趋势的内容，开阔学生眼界，激发学生好奇心；选择生产、生活中具有典型性的应用案例，以及与应用场景相关联的业务知识内容，帮助学生更全面地了解信息技术应用的真实情境，引导学生在实践体验过程中，积累知识技能、提升综合应用能力；内容体现信息技术课程与其他公共基础课程、专业课程的关联，引导学生将信息技术课程与其他课程所学的知识技能融合运用。

本书适合中等职业学校学生作为公共基础课教材使用。

图书在版编目（CIP）数据

信息技术：拓展模块.信息终端操作与维护/吴甚其，邓三鹏主编. -- 北京：北京理工大学出版社，

2022.8

ISBN 978-7-5763-1265-2

Ⅰ.①信… Ⅱ.①吴… ②邓… Ⅲ.①电子计算机 –

中等专业学校 – 教材 Ⅳ.①TP3

中国版本图书馆CIP数据核字（2022）第072208号

出版发行 / 北京理工大学出版社有限责任公司
社　　址 / 北京市海淀区中关村南大街5号
邮　　编 / 100081
电　　话 / （010）68914775（总编室）
　　　　　　（010）82562903（教材售后服务热线）
　　　　　　（010）68944723（其他图书服务热线）
网　　址 / http://www.bitpress.com.cn
经　　销 / 全国各地新华书店
印　　刷 / 定州启航印刷有限公司
开　　本 / 889毫米 ×1194毫米　1/16
印　　张 / 9
字　　数 / 175千字
版　　次 / 2022年8月第1版　2022年8月第1次印刷
定　　价 / 20.70元

责任编辑 / 张荣君
文案编辑 / 张荣君
责任校对 / 周瑞红
责任印制 / 边心超

图书出现印装质量问题，请拨打售后服务热线，本社负责调换

"十四五"职业教育国家规划教材
（中等职业学校公共基础课程教材）
出版说明

为贯彻新修订的《中华人民共和国职业教育法》，落实《全国大中小学教材建设规划（2019—2022 年）》《职业院校教材管理办法》《中等职业学校公共基础课程方案》等要求，加强中等职业学校公共基础课程教材建设，在国家教材委员会统筹领导下，教育部职业教育与成人教育司统一规划，指导教育部职业教育发展中心具体组织实施，遴选建设了数学、英语、信息技术、体育与健康、艺术、物理、化学等七科公共基础课程教材，并于 2022 年组织按有关新要求对教材进行了审核，提供给全国中等职业学校选用。

新教材根据教育部发布的中等职业学校公共基础课程标准和有关新要求编写，全面落实立德树人根本任务，突显职业教育类型特征，遵循技术技能人才成长规律和学生身心发展规律，围绕核心素养培育，在教材结构、教材内容、教学方法、呈现形式、配套资源等方面进行了有益探索，旨在打牢中等职业学校学生科学文化基础，提升学生综合素质和终身学习能力，提高技术技能人才培养质量。

各地要指导区域内中等职业学校开齐开足开好公共基础课程，认真贯彻实施《职业院校教材管理办法》，确保选用本次审核通过的国家规划新教材。如使用过程中发现问题请及时反馈给出版单位和我司，以便不断完善和提高教材质量。

教育部职业教育与成人教育司

2022 年 8 月

前　言

习近平总书记指出，没有信息化就没有现代化。信息化为中华民族带来了千载难逢的机遇，必须敏锐抓住信息化发展的历史机遇。提升国民信息素养，对于加快建设制造强国、网络强国、数字中国，以信息化驱动现代化，增强个体在信息社会的适应力与创造力，提升全社会的信息化发展水平，推动个人、社会和国家发展具有重大的意义。

为更好地实施中等职业学校信息技术公共基础课程教学，教育部组织制定了《中等职业学校信息技术课程标准（2020年版）》（以下简称《课标》)。《课标》对中职学校信息技术课程的任务、目标、结构和内容等提出了要求，其中明确指出，信息技术课程是各专业学生必修的公共基础课程。学生通过对信息技术基础知识与技能的学习，有助于增强信息意识、发展计算思维、提高数字化学习与创新能力、树立正确的信息社会价值观和责任感，培养符合时代要求的信息素养与适应职业发展需要的信息能力。

本套教材作为信息技术基础模块的拓展与加深，也作为学生的主要学习材料，严格按照教育部《课标》的要求编写，拓展模块包含10个专题，分别是实用图册制作、演示文稿制作、数据报表编制、数字媒体创意、三维数字模型绘制、个人网店开设、计算机与移动终端维护、机器人操作、小型网络系统搭建、信息安全保护。

本教材的编写遵循中职学生的学习规律和认知特点，结合职场需求和专业需要，以项目任务的方式，让学生在真实的活动情境中开展项目实践，发现和解决具体问题，形成活动作品，培养学生的数字化学习能力和利用信息技术解决实际问题的能力。全套教材体现出以下特点。

（1）注重课程思政的有机融合。深入挖掘学科思政元素和育人价值，把职业精神、工匠精神、劳模精神和创新创业、生态文明、乡村振兴等元素有机融合，达到课程思政与技能学习相辅相成的效果；紧密围绕学科核心素养、职业核心能力，促进中职学生的认知能力、合作能力、创新能力和职业能力的提升。

（2）内容结构体现职业教育类型特征。教材每个专题下分若干项目，每个项目基本为一个完整的实践案例，使得项目与项目之间为平行结构，教师可以根据学生的专业方向挑选合适的项目开展教学，通过多样化学习活动的设计，改变传统的知识发布的呈现方式，努力引导学生学习方式的变革与核心素养的建构。

（3）内容载体充分体现新技术、新工艺。精选贴近生产生活、反映职业场景的典型案例，注重引导学生观察生活，切实培养学习兴趣。充分考虑各专业学生的学习起点和研读能力，对重点概念、技术以图文、多媒体等方式帮助学生掌握，同时应用时下最流行的网络媒体工具吸引学生的关注，加强实践环节的指导，让学生学有所用。

（4）强化学生的自主学习能力。每个项目后配有项目分享和评价，帮助学生自学测评。项目后面还配有工单式项目拓展，引导学生按照项目的任务实施自主完成新项目任务。

本套教材由罗光春、胡钦太担任总主编，制订教材编写指导思想和理念，确定教材整体框架，并对教材内容编写进行指导和统稿。

本书由吴甚其、邓三鹏担任主编，万钊友、范萍担任副主编，蒋国一、陈伟、祁宇明、刘志勇、郝明明参与编写。本套教材由汪永智、黄平槐、廖大凯负责进行课程思政元素的设计和审核。本套教材在编写过程中得到了北京金山办公软件有限公司、360安全科技股份有限公司、广州中望龙腾软件股份有限公司、福建中锐网络股份有限公司、新华三技术有限公司等企业，电子科技大学、北京理工大学、广东工业大学、华南师范大学、天津职业技术师范大学等高等院校，北京、辽宁、河北、江苏、山东、山西、广东等地区的部分高水平中、高等职业院校的大力支持，在此深表感谢。

由于编者水平有限，教材中难免存在疏漏和不足之处，敬请广大教师和学生批评和指正，我们将在教材修订时改进。联系人：张荣君，联系电话：（010）68944842，联系邮箱：bitpress_zzfs@bitpress.com.cn。

编　者

专题 7　**计算机与移动终端维护**

专题 8 机器人操作

专题 7 计算机与移动终端维护

在信息化飞速发展的今天，计算机技术已经深入社会生活的方方面面，信息技术在赋予计算机更强大功能的同时，也提供了种类繁多、功能各异的计算机与移动终端设备，同时为了满足人们的不断变化的需求，也带动了计算机硬件材料和性能的技术革新，引导着计算机及移动终端产品不断的更新换代。在此背景下，根据业务的实际需求选配计算机与移动终端，并正确使用与简单维护这些终端设备，进而按需连接各种外围设备，能大大地提高生活、工作的质量和效率。

本专题共设置三个实训项目：配置计算机、移动终端和外围设备，连接和使用外围设备，维护计算机、移动终端和外围设备等。在教学实施时，可根据不同专业方向选择具体的教学项目。三个项目的内容如下：

1.配置计算机、移动终端和外围设备。本项目在基础模块（上册）"专题 1 走进信息社会"相应内容的基础上，做了适当的拓展和延伸，以满足不同专业的教学需要。通过本项目的学习，学生能根据业务需求，选配计算机、移动终端和外围设备，能安装、使用、优化系统软件和应用软件。

2.连接和使用外围设备。计算机外围设备和各种移动终端很多，连接和使用方法不尽相同。通过本项目的学习，学生能根据业务需求连接和使用打印机、投影仪、移动终端等外围设备。

3.维护计算机、移动终端和外围设备。在使用计算机、移动终端和外围设备的过程中，设备可能由于环境、人为或不可抗力等因素而不能正常工作，甚至丢失数据（特别是移动存储介质上的数据）。通过本项目的学习，学生能根据业务需要维护计算机、移动终端和外围设备。

项目 ① 配置计算机、移动终端和外围设备

项目背景

千帆竞发，百舸争流，祥博建筑公司经过近五年的打拼，以自强不息的创业精神在市场竞争中立于不败之地，随着时间的推移和业务的发展，公司急需更新和维护一批办公信息技术设备。小小暑假顶岗实习的网络公司承接了该项目，并成立了由小小参与的项目组负责具体实施。

项目分析

项目组到祥博建筑公司了解需求，制定实施方案，然后根据制定的方案采选计算机、移动终端和外围设备，完成计算机的组装，并根据需求部署操作系统及应用软件。项目结构如图 7-1-1 所示。

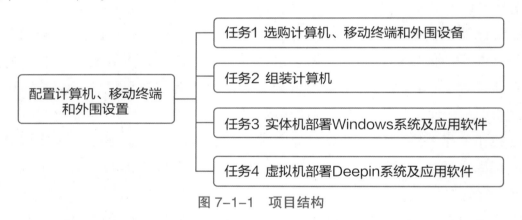

图 7-1-1　项目结构

学习目标

- 能根据业务需求选配计算机、移动终端和常用外围设备。
- 会组装计算机。
- 会安装操作系统及应用软件。
- 掌握网络接入、系统测试的方法。

选购计算机、移动终端和外围设备

任务描述

　　小小所在项目组到祥博建筑公司后，分别与该公司的财务部、设计制作部、市场部等部门进行沟通，了解真实需求，选配适合的设备。

任务分析

　　要选择适合的设备，先要进行需求调研以了解客户的真实需求，然后根据需求选购需要的整机、组装机、移动终端及外围设备，为后面的组装工作做好准备。任务路线如图 7-1-2 所示。

图 7-1-2　任务路线

任务实施

1. 需求调研

　　项目组与祥博建筑公司各部门进行充分沟通，确定了表 7-1-1 所示的需求信息。

表 7-1-1　需求信息

部门名称	功能需求描述	新购数量/台	资金预算/元	备注
财务部	新购整机，品牌国产，主要用来运行财务专用软件和办公常用软件	2	9 000	主流商用台式计算机
	原有 1 台激光打印机，需要共享给部门使用	0	0	设置为共享打印机
设计制作部	新购组装计算机，用于安装运行平面设计软件、3D 制作渲染软件和制图软件	1	27 000	对内存、显卡、显示器等要求较高

续表

部门名称	功能需求描述	新购数量 /台	资金预算 /元	备注
市场部	新购集打印、复印、扫描等功能于一体的彩色激光打印机，要求国产，最大幅面为 A4，且支持无线网络打印	1	6 500	按需选购
	新购平板电脑，要求国产，用于移动办公，要求屏幕尺寸不小于 11 英寸	1	3 500	运行流畅，性价比高
	新购投影仪，放置在会议室，要求投影效果好	1	50 000	3D 商务超高清投影仪
预算合计			96 000	

2. 选购整机

选购整机，除了到传统的电脑城购买外，还可以到淘宝、拼多多、京东等电商网站购买，另外整机商家的官方网站也提供了整机的购买服务，购买时选择类似配置，然后在不同商家处进行比较，最终祥博建筑公司选择在京东网站购买。

步骤 1：登录京东网站，采用站内搜索或商品分类方式打开整机选购页面。

步骤 2：根据品牌、类型、使用场景、硬盘容量等选择具体配置，如图 7-1-3 所示。

图 7-1-3　选择具体配置

步骤 3：单击"高级选项"按钮，对显卡型号、CPU、内存容量、适用人群等进行进一步筛选。设置筛选条件后，系统会自动筛选出符合条件的商品，单击可查看该商品的具体信息，如图 7-1-4 所示。

图 7-1-4　查看商品详情

3. 选购组装机

选配组装机前可以到网上设计装机方案，俗称"模拟攒机"。选购组装机前应注意以下几点：首先要确定计算机的用途，根据预算来决定组装机类型；其次要选择性价比高的产品，在已预算资金的情况下合理取舍组装配件；最后要特别注意所选主板、CPU、内存、显卡等硬件设备的兼容性。小小选择经常去的中关村在线网站模拟攒机，按需选出性价比高的组装机方案。

步骤 1：打开中关村在线网站，搜索并打开"模拟攒机"页面。以选配 CPU 为例，首先在页面左上角选择装机配件 CPU，然后按条件筛选所需 CPU，如图 7-1-5 所示。

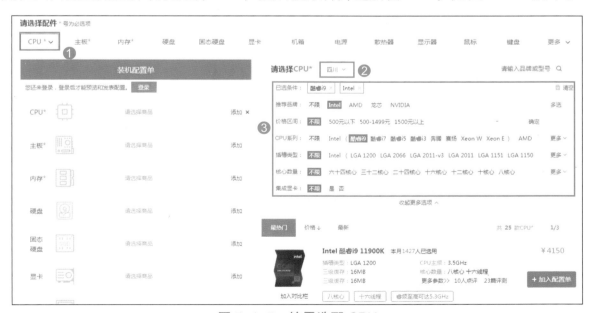

图 7-1-5　按需选配 CPU

步骤 2：页面筛选出符合条件的产品，选择符合需求的产品，然后单击"加入配置单"按钮，如图 7-1-6 所示。

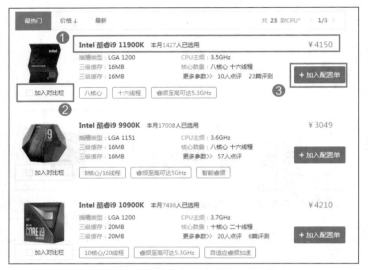

图 7-1-6　将所选 CPU 加入配置单

步骤 3：在"装机配置单"中可看到已经添加的预选 CPU，如图 7-1-7 所示。

图 7-1-7　查看预选的 CPU 商品

步骤 4：用同样的方法选择需要的主板。系统依据上面所选 CPU 自动筛选出与 CPU 插槽一致的主板，如图 7-1-8 所示。

图 7-1-8　选择与所选 CPU 兼容的主板

小提示

选购主板时，不可随意更改 CPU 插槽类型，所选主板的 CPU 插槽一定要与选购的 CPU 一致，否则会由于所选配件不兼容后续不能成功装机。在实体店或其他没有智能搭配兼容配件的系统上选配配件时，配件之间一定要相互兼容，特别是 CPU 插槽类型、内存类型和固态硬盘接口类型要与主板上的插槽类型一致。

步骤 5：用同样的方法选配计算机的其他配件，如内存、机械硬盘、固态硬盘、显卡、机箱、电源、散热器、显示器等，如图 7-1-9 所示。

图 7-1-9　选配计算机的其他配件

4.选购移动终端和外围设备

根据功能需求分析，在购物平台上选择符合要求的平板电脑、彩色激光打印机和投影仪等设备，如图 7-1-10 所示。

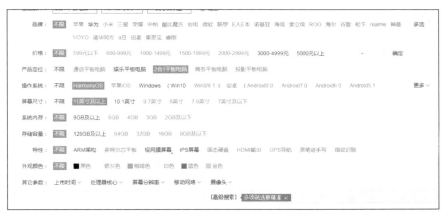

图 7-1-10　选购平板电脑

任务延伸

由教师拟定一个组装机功能需求，学生分小组在中关村在线网站上按"接口搭配合理、各配件性能均衡、留有升级余地"的基本原则选择配件并模拟攒机，然后在全班分享，最后在多个小组中选择一种最优的攒机方案。

任务 ②　　　　　　　　　　**组装计算机**

任务描述

项目组将组装计算机的所需的配件购买齐全，现在需要将这些配件组装完成。

任务分析

组装计算机时，先要准备好工具、清点好所有配件，认真阅读说明书，安装时先安装主机，然后将主机与其他部件连接起来，最后通电测试。任务路线如图 7-1-11 所示。

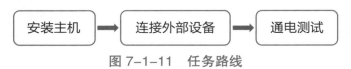

图 7-1-11　任务路线

任务实施

组装计算机前应做好个人防护，同时准备好螺丝刀、尖嘴钳、镊子、毛刷、吸尘器、吹风机和 U 盘等工具。

1. 安装主机

（1）安装 CPU

向右上拉开主板上 CPU 安装插座旁的锁杆（图 7-1-12），把带有保护盖的用于固定 CPU 的金属方框向上抬起，然后将 CPU 上针脚有缺针的部位对准主板上的 CPU 插座上的缺口，轻轻地装入（图 7-1-13），最后放下固定方框并扣好锁杆。

图 7-1-12　向右上拉开锁杆

图 7-1-13　对准缺口安装 CPU

（2）安装内存条

掰开内存插槽两侧卡扣，将内存条缺口垂直对齐内存槽的凸点，两端用手指稍微用力向下插入内存条，当听到清脆的咔嚓声时，就表明内存条安装好了，如图 7-1-14 所示。

图 7-1-14　安装内存条

（3）安装固态硬盘

将固态硬盘按正确方向插入主板对应插槽内，然后拧上螺丝固定好，如图 7-1-15 所示。

（4）固定主板

将主板平稳放入机箱内，对齐主板外部接口与机箱背面挡板孔位，再对齐主板上与机箱底部的螺丝孔，最后用螺丝将主板固定好，如图 7-1-16 所示。

图 7-1-15　安装固态硬盘　　　　　　　　　图 7-1-16　固定主板

（5）安装散热器

为 CPU 涂上散热硅脂，再按说明书安装好风冷散热器（图 7-1-17）或水冷散热器（图 7-1-18），最后将 CPU 风扇电源线接到主板 CPU 风扇电源接头上。

图 7-1-17　安装风冷散热器　　　　　　　　图 7-1-18　安装水冷散热器

（6）安装显卡

先拆卸机箱背面挡板，然后把显卡插入主板显卡插槽中，用螺丝将显卡固定在主机箱上，如图 7-1-19 所示。

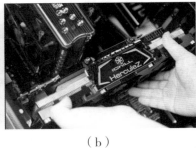

（a）　　　　　　　　　　　（b）　　　　　　　　　　　（c）

图 7-1-19　安装显卡

（a）拆卸挡板　（b）安装显卡　（c）固定显卡

（7）安装电源

将电源放进机箱的电源安装位置，对齐固定螺丝孔后拧上螺丝，如图 7-1-20 所示。

图 7-1-20　安装电源

（8）连接和整理各种线缆

各个部件安装完成后，仔细连接和整理好机箱内的各种线缆，如图 7-1-21 所示。

图 7-1-21　连接和整理各种线缆

2. 连接外部设备

盖好主机机箱，将键盘、鼠标、显示器等外部设备接入主机，然后插上显示器和主机的电源线，并整理和摆放好各种外部设备，如图 7-1-22 所示。

图 7-1-22　连接、整理和摆放好外部设备

3. 通电测试

打开主机电源，听到风扇转动的声音，机箱上的电源和硬盘指示灯亮，显示器屏幕上显示正常的开机信息，说明计算机组装成功。

1. 分小组拆解并装回一台台式计算机，比一比哪个小组完成得最好。

2. 通过网络查询工业控制计算机结构、性能，与个人计算机进行对比，说出它们的区别。

任务 ③　实体机部署 Windows 系统及应用软件

任务描述

计算机组装完成后，接下来要根据需求，安装指定的操作系统和必要的应用软件，让计算机能够正常使用。

任务分析

组装计算机上需要安装 Windows 操作系统，将其接入网络，优化系统性能，让其达到最佳性能状态，最后安装必要的应用软件。任务路线如图 7-1-23 所示。

图 7-1-23　任务路线

任务实施

1. 安装操作系统

（1）安装准备

访问微软官方网站，购买并下载 Windows10 操作系统和官方系统盘制作工具软件。

（2）制作启动 U 盘

将 U 盘插入计算机，打开系统盘制作工具，出现图 7-1-24 所示的制作启动盘界面，选择"为另一台电脑创建安装介质（U 盘、DVD 或 ISO 文件）"选项，按照提示进行系统盘制作。

（3）用 U 盘启动计算机

将制作好的系统盘插入组装的计算机上，开机后计算机会从 U 盘启动安装程序，单击"下一步"和"现在安装"按钮，在激活 Windows 页面中输入产品密钥或以后激活。

（4）完成安装

根据操作提示选择安装磁盘、设置语言、键盘等必要信息之后，进入 Windows10 操作系统桌面，如图 7-1-25 所示。

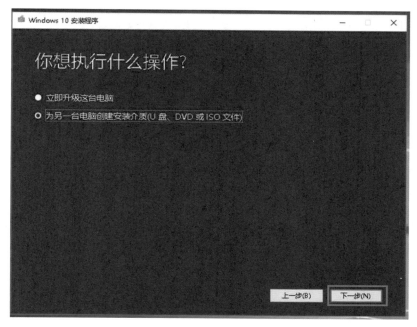

图 7-1-24　制作启动盘界面

图 7-1-25　Windows 10 操作系统桌面

2. 接入网络

通常将网线插入组装的计算机的网卡接口，计算机会自动获取 IP 地址并且接入网络，但祥博建筑公司为了规范管理，为每一台计算机配置了静态 IP 地址，即需要手动配置 TCP/IP 协议。

步骤 1：用鼠标右键单击屏幕右下角的网络图标，选择"打开'网络和 Internet'设置"选项，再选择"更改适配器选项"选项，如图 7-1-26 和图 7-1-27 所示。

图 7-1-26　选择"打开'网络和 Internet'设置"选项

图 7-1-27　选择"更改适配器选项"选项

步骤 2：在弹出的"网络连接"窗口中，用鼠标右键单击"Ethernet0 2"图标，选择"属性"选项，如图 7-1-28 所示。

图 7-1-28　选择"属性"选项

步骤 3：在"Ethernet0 2 属性"对话框中，双击"Internet 协议版本 4（TCP/IPv4）"选项，如图 7-1-29 所示。

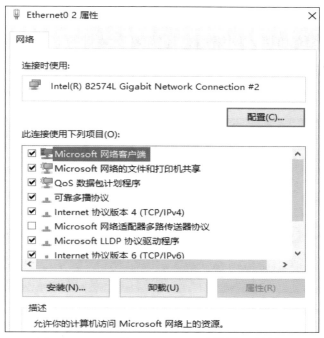

图 7-1-29　"Ethernet0 2 属性"对话框

步骤 4：选择"自动获得 IP 地址"或"使用下面的 IP 地址"选项（即手动设置 IP 地址），如图 7-1-30 所示。

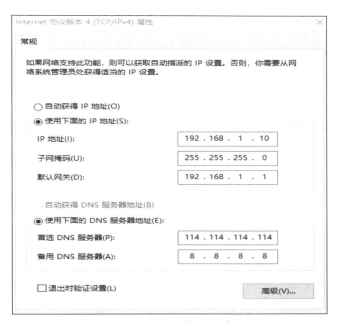

图 7-1-30　设置 IP 地址

　　IP 地址和默认网关应设置在同一网段；如果要通过域名解析上网，必须指定 DNS 服务器地址，本任务中使用的是 114.114.114.114 及 8.8.8.8。

3. 安装杀毒软件

计算机安装操作系统和接入网络后，还需要安装计算机防护类软件，以保护计算机信息安全。小小经常使用 360 杀毒软件对计算机进行保护。

访问 360 官方网站，下载并安装 360 杀毒软件，如图 7-1-31 所示。

图 7-1-31　运行 360 杀毒软件

4. 优化系统

（1）安装驱动程序

Windows 操作系统接入网络后会自动更新，下载必要的升级包、驱动程序等，通常绝大多数硬件操作系统会自动匹配驱动程序，但还是有极少部分的硬件需要自行安装驱动程序，遇到这种情况时可以登录硬件官网下载驱动程序进行安装，或使用购买硬件时附送的驱动光盘进行安装。除此之外，最常用的是使用驱动精灵、360 驱动大师、鲁大师等第三方工具软件辅助安装驱动程序。小小使用常用的驱动精灵优化驱动程序。

步骤 1：访问驱动精灵官方网站，下载并安装驱动精灵。

步骤 2：打开驱动精灵软件，单击"立即检测"按钮检测驱动信息，如图 7-1-32 所示。

图 7-1-32　运行驱动精灵

步骤 3：单击"一键修复"按钮就可以修复驱动程序，还可以将驱动程序升级为最新版本，如图 7-1-33 所示。

图 7-1-33　修复驱动程序

（2）测试系统性能

测试系统性能的软件能查看硬件详细信息，从而鉴别硬件的真伪，还能对计算机的性能进行测评，为升级硬件提供参考。此类软件较多，常用的有鲁大师、CPU-Z、AIDA64 等，这里以鲁大师为例。

步骤 1：访问鲁大师官方网站，下载并安装鲁大师。

步骤 2：运行鲁大师，选择左边菜单中"硬件评测"选项，然后单击"开始评测"按钮，如图 7-1-34 所示。

图 7-1-34　系统测评

步骤 3：测评完成后给出评分结果（图 7-1-35），软件给出了综合性能得分，并列出了处理器、显卡、内存、硬盘 4 种核心部件的评分。

图 7-1-35　测评结果

5. 安装应用软件

Windows 操作系统安装好后，需要安装应用软件才能发挥计算机应有的作用，祥博建筑公司必备的是 WPS 办公软件。

步骤 1：访问 WPS 官方网站，下载 WPS Office。

步骤 2：双击下载好的安装文件，同意许可协议和隐私政策后单击"立即安装"按钮，直到安装完成，如图 7-1-36 所示。

图 7-1-36　安装 WPS Office

1. 使用驱动大师升级当前计算机硬件驱动。

2. 使用第三方系统工具安装、升级或卸载应用软件。

任务 4　虚拟机部署 Deepin 系统及应用软件

任务描述

祥博建筑公司响应信创政策要求，想安装国产 Deepin 操作系统，但为了稳妥起见，请小小先在虚拟机中进行安装，测试使用没问题之后再安装到实体机上。

任务分析

在组装的计算机上安装虚拟化软件，然后在虚拟化软件中安装 Deepin 操作系统，最后安装和管理必要的应用软件。任务路线如图 7-1-37 所示。

图 7-1-37　任务路线

任务准备

1. 国产操作系统

当前信创产业，即信息技术应用创新产业正如火如荼地进行，争取尽快实现国产替代，操作系统是信创产业重点布局领域，我国目前开发的国产操作系统如图 7-1-38 所示。

图 7-1-38　主流国产操作系统

2. 虚拟机

虚拟机（Virtual Machine，VM）是指通过软件模拟的具有完整硬件系统功能的、运行在一个完全隔离环境中的完整计算机系统，许多在实体计算机中能够完成的工作在虚拟机中都能够实现。在计算机中创建虚拟机时，每个虚拟机都有独立的 CMOS、硬盘和操作系统，可以像使用实体机一样对虚拟机进行操作。常见的虚拟机软件有 Microsoft Virtual PC、VMware Workstation、Oracle VM VirtualBox 等。

1. 安装虚拟机

（1）安装虚拟机软件

小小选择使用 VMware Workstation，从官网下载并安装最新版的 VMware Workstation 64 位软件，打开 VMware Workstation 软件主界面，如图 7-1-39 所示。

图 7-1-39　VMware Workstation 软件主界面

VMware Workstation 软件应该安装在 64 位的操作系统里，否则，无法完成后续 Deepin 操作系统的安装。

（2）新建虚拟机

步骤 1：在图 7-1-39 所示的窗口中，单击"主页"选项卡中的第一项"创建新的虚拟机"，出现"新建虚拟机向导"窗口，默认选择"典型"安装。然后选择"安装程序光盘映像文件（ISO）"这种方式，最后选择已从官网下载的 Deepin 操作系统 ISO 镜像文件，如图 7-1-40 所示。

步骤 2：选择将在虚拟机中安装的客户机操作系统的类型和版本。由于 Deepin 操作系统是 64 位的操作系统，所以应该选择 64 位的版本，

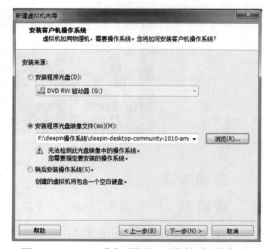

图 7-1-40　选择操作系统的安装来源

如图 7-1-41 所示。

步骤 3：虚拟机设置，包括命名虚拟机、设置保存位置、指定磁盘大小等，如图 7-1-42 所示。

图 7-1-41　选择操作系统的类型和版本　　　　　　图 7-1-42　虚拟机设置

2. 安装操作系统

步骤 1：单击"开启此虚拟机"按钮，开始正式安装 Deepin 操作系统，如图 7-1-43 所示。

图 7-1-43　开启虚拟机

如果实体机主板不支持虚拟化技术，或者实体机 BIOS 中禁用了虚拟化功能（如果要开启虚拟化功能，需要重新开机进入 BIOS 进行设置），就不能进行系统的安装。

步骤 2：选择语言为简体中文，设置硬盘分区，单击"全盘安装"按钮后，系统会自动进行分区，然后继续安装，如图 7-1-44 所示。

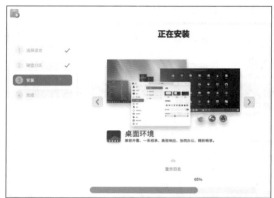

图 7-1-44　设置硬盘分区后进入安装过程

步骤 3：系统安装成功，在单击"立即重启"按钮后，快速按下键盘左下角的"Ctrl+Alt"组合键以让实体机捕获鼠标，然后依次选择"虚拟机"-"可移动设备"-"CD/DVD（IDE）"-"断开连接"选项，以断开虚拟 CD/DVD 光驱中的 ISO 镜像文件，如图7-1-45 所示。

图 7-1-45　断开虚拟光驱中的 ISO 镜像文件

步骤 4：系统重启后，依次进行选择语言、键盘布局、选择时区、创建账户、优化系统配置等各种设置。

步骤 5：登录系统，并根据个人的喜好选择普通（或特效）模式、桌面样式以及图标主题等。所有设置完成后，最后进入 Deepin 操作系统桌面，如图 7-1-46 所示。

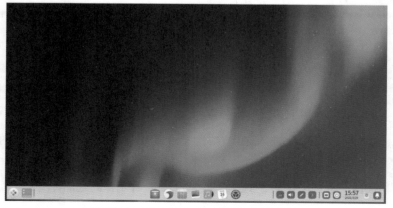

图 7-1-46　Deepin 操作系统桌面

3. 安装应用软件

Deepin 操作系统安装好后，已经预装了很多常用软件，还可以根据业务需要安装其他更多的应用软件或工具软件（如 WPS、微信、QQ、浏览器等），安装方法是：单击任务栏中的"应用商店"  图标，打开"应用商店"窗口，选择想要安装的软件进行安装即可，如图 7-1-47 所示。

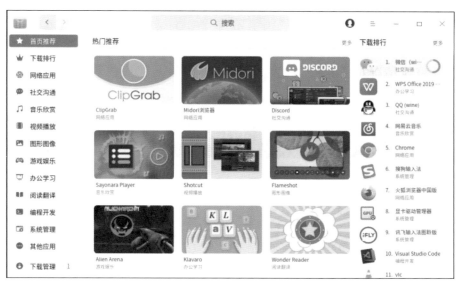

图 7-1-47　通过"应用商店"安装更多软件

任务延伸

1. 尝试在 VMware Workstation 虚拟机中安装 Windows 10 操作系统。

2. 通过 Deepin 操作系统的"控制中心"进行系统设置和测试，包括账户管理、网络设置、日期和时间、个性化设置、显示设置、系统升级等。

项目分享

方案 1：各工作团队展示交流项目，谈谈自己的心得体会，并选派代表分享交流。

方案 2：由学生代表与指导教师组成项目评审组，各工作团队制作汇报材料并进行答辩。

项目评价

请根据项目完成情况填涂表 7-1-2。

表 7-1-2　项目评价表

类　别	内　容	评　分
项目质量	1. 各个任务的评价汇总 2. 项目完成质量	☆ ☆ ☆
团队协作	1. 团队分工、协作机制及合作效果 2. 协作创新情况	☆ ☆ ☆
职业规范	1. 项目管理、实施环境规范 2. 项目实施过程、相关文档的规范	☆ ☆ ☆
建议		

注："★☆☆"表示一般，"★★☆"表示良好，"★★★"表示优秀。

项目总结

本项目依据行动导向理念，将行业中配置计算机、移动终端和外围设备的典型工作过程转化为项目学习内容，共分为选购计算机、移动终端和外围设备，组装计算机，实体机部署 Windows 系统及应用软件，虚拟机部署 Deepin 系统及应用软件 4 个任务。在选购计算机、移动终端和外围设备任务中学习了如何根据需求选购整机、组装机、移动终端和外围设备；在组装计算机任务中学会了如何安装主机和连接外部设备；在实体机部署 Windows 系统及应用软件任务中学会了如何安装操作系统、接入网络、优化系统和安装应用软件；在虚拟机部署 Deepin 系统及应用软件任务中学会了如何安装虚拟机、安装国产操作系统和安装应用软件。

项目拓展　　**使用 Windows Server 搭建小型静态网站**

1. 项目背景

祥博建筑公司有一台闲置未用的办公用计算机，希望项目组把这台计算机变为展示公司形象的网站服务器。

2. 预期目标

网站服务器对硬件的性能要求较高，普通办公计算机满足不了性能需求，需要对硬件进行升级，然后安装虚拟机软件，并在虚拟机中安装 Windows Server 服务器操作系统，最后搭建 Web 服务。具体要求如下：

1）升级内存和加装固态硬盘。

2）安装 Windows Server 服务器操作系统。

3）在服务器管理器中添加角色 Web 服务器（IIS）。

4）利用 IIS 搭建 Web 服务。

3. 项目资讯

1）升级硬件时，为有效防范静电对计算机硬件设备造成损害，应该注意的事项有_____
_____
_____。

2）固态硬盘的接口类型有_____。选购固态硬盘时的注意事项有_____
_____。

3）新建 VMware Workstation 虚拟机应该注意的事项有_____
_____
_____。

4）安装 Windows Server 服务器操作系统的主要操作步骤和注意事项有_____
_____
_____。

5）作为服务器的 IP 地址应该是自动获得还是手动设置呢？手动设置 IP 地址的主要操作步骤和注意事项有_____
_____
_____。

6）要在服务器上添加 IIS 服务，需要先打开服务器管理器，然后添加角色（Web 服务）和功能（NET Framework），再搭建 Web 站点。搭建 Web 站点的主要操作步骤: _____

_____

_____。

4. 项目计划

绘制项目计划思维导图。

---

5. 项目实施

任务 1：升级计算机

1）升级准备；

2）清洁计算机箱内外灰尘；

3）升级内存；

4）加装固态硬盘。

任务 2：安装 Windows Server 服务器操作系统

1）安装虚拟机软件；

2）下载 Windows Server 操作系统；

3）安装 Windows Server 操作系统；

4）手动设置 IP 地址。

任务 3：添加服务器角色和功能

1）打开服务器管理器；

2）添加服务器角色 IIS；

3）添加服务器功能 NET Framework。

任务 4：搭建静态 Web 站点

1）新建网站根文件夹；

2）新建主页文件 index.htm；

3）新建站点；

4）访问测试。

6. 项目总结

（1）过程记录

记录项目实施过程中的各种情况，为工作总结提供依据，如表格不够，可自行加页。

序　号	内　容	思考及解决方法
1		
2		
3		

（2）工作总结

从整体工作情况、工作内容、反思与改进等几个方面进行总结。

7. 项目评价

内　容	要　求	评　分	教师评语
项目资讯（10分）	回答清晰准确，紧扣主题，没有明显错误		
项目计划（10分）	计划清楚，图表美观，能根据实际情况进行修改		
项目实施（60分）	实施过程安全规范，能根据项目计划完成项目		
项目总结（10分）	过程记录清晰，工作总结描述清楚		
态度素养（10分）	按时出勤、积极主动、清洁清扫、安全规范		
合计	依据评分项要求评分合计		

项目 ② 连接和使用外围设备

项目背景

为了满足祥博建筑公司日常办公需要，小小所在项目组对选配的外围设备进行连接和使用。

项目分析

日常办公时有不少文档需要打印，这就需要连接和使用打印机；为了方便开会研讨，需要在会议室中连接和使用投影仪；计算机与手机、平板电脑等移动终端之间的多屏互动、跨屏连接能极大地提升工作效率。项目结构如图 7-2-1 所示。

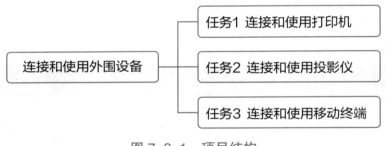

图 7-2-1　项目结构

学习目标

能进行计算机、移动终端和常用外围设备间的连接和信息传送。

任务 **1** 连接和使用打印机

任务描述

祥博建筑公司选购了两台打印机，一台是提供给财务部使用的、不带网络接口的普通打印机，另一台是给设计制作部和市场部共同使用的、带无线网络打印功能的网络打印机。

任务分析

财务部使用的普通打印机需要一台专用的计算机连接，然后共享出来使用，而设计制作部和市场部共用的无线网络打印机，直接连上网络就即可供多人使用。任务路线如图 7-2-2 所示。

图 7-2-2　任务路线

任务实施

1. 连接和共享普通打印机

通过连接和设置共享打印机，可以实现共享打印。连接和共享打印机的拓扑结构如图 7-2-3 所示，参考操作步骤如下：

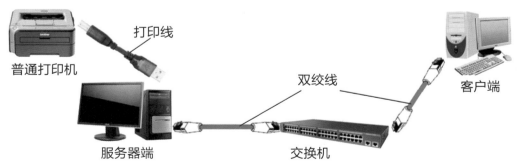

图 7-2-3　连接和共享打印机的拓扑结构

（1）连接设备并共享打印机

步骤1：连接设备。按图7-2-3所示连接好设备，然后在服务器端正确安装打印机驱动程序，如图7-2-4所示。

步骤2：服务器端设置共享。用鼠标右键要设置共享的打印机，选择"打印机属性"选项，在打开的窗口中勾选"共享这台打印机"，最后确定，如图7-2-5所示。

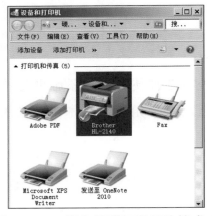
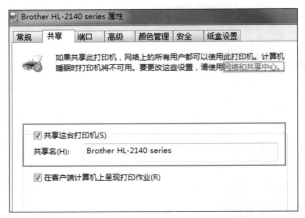

图7-2-4　服务器端打印机连接成功　　　　图7-2-5　共享打印机

（2）客户端打印机连接

步骤1：在客户端计算机上执行"设备和打印机"→"添加打印机"→"添加网络、无线或Bluetooth打印机"命令，如图7-2-6所示。

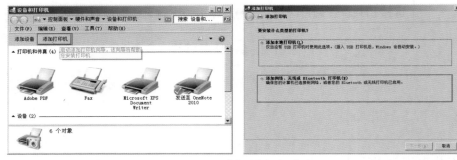

图7-2-6　选择添加打印机

步骤2：在弹出的窗口中执行"我需要的打印机不在列表中"→"浏览打印机"命令，如图7-2-7所示。

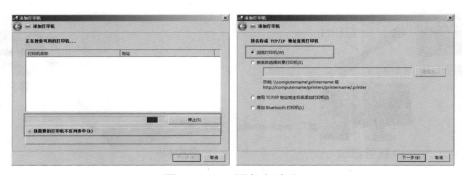

图7-2-7　添加打印机

步骤 3：单击"下一步"按钮后依次选择服务端的计算机名称和共享打印机名称，最后单击"确定"按钮，如图 7-2-8 所示。

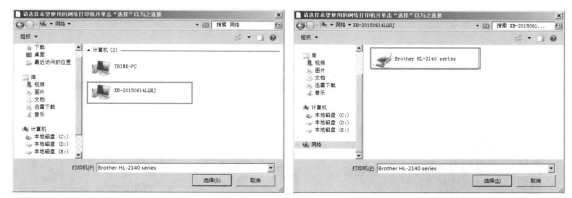

图 7-2-8　添加共享打印机

随后会自动安装驱动，按照提示即可完成网络打印机的添加。

　　如果共享网络打印机失败，需要检查服务器端是否启用文件和打印机共享功能，然后在本地安全策略中设置允许 Guest 用户"从网络访问此计算机"，将 Guest 用户从"拒绝从网络访问这台计算机"中删除。

2. 连接和设置无线网络打印机

无线网络打印不需要连接计算机，直接接入网络，即可供同网络内其他终端设备使用，拓扑结构如图 7-2-9 所示。

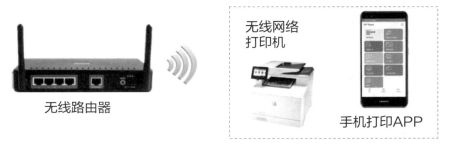

图 7-2-9　无线网络打印拓扑结构

（1）初始化打印机

连接电源线并打开无线网络打印机电源，等待打印机初始化，然后配置语言、国家 / 地区、日期 / 时间等。

（2）接入无线网络

在打印机控制面板主屏幕选择无线菜单中的"无线设置向导"选项，再按向导完成设置，操作方法与智能手机接入无线 WLAN 的操作方法类似，如图 7-2-10 所示。

（3）下载并安装软件

访问无线网络打印机官方，从官网下载和安装制定的软件，如图 7-2-11 所示。

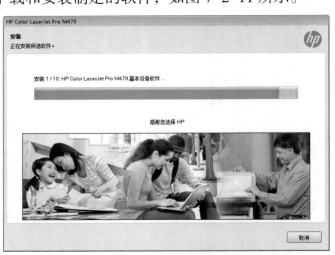

图 7-2-10　将打印机加入无线网络　　　图 7-2-11　从官网下载和安装软件

（4）打印测试

使用手机或平板等移动终端直接发送打印任务。根据无线打印机说明书要求，在移动设备上下载并安装 APP，然后搜索并连接网络中的无线网络打印机，最后通过 APP 发送打印、复印、扫描等任务，如图 7-2-12 所示。

图 7-2-12　使用移动终端直接发送打印任务

1.使用 QQ 手机版打印手机上的文件或照片。

操作提示：计算机和手机在计算机和手机端登录同一 QQ 号，然后在手机 QQ "联系人"中的"设备"中找到"我的打印机"（如果没有出现"我的打印机"，选择"我的电脑"并申请授权访问计算机后，就可以在"设备"中找到"我的打印机"），选择"打印文件"或"打印照片"。

2.使用手机打印服务功能直接打印手机上的文件或照片。

操作提示：打开设置，开启设备连接中打印服务功能，然后搜索并连接网络打印机，连接成功后即可直接打印。

连接和使用投影仪

任务描述

投影设备是现在会议室的常用配置，祥博建筑公司选购了投影仪设备，小小所在项目组也要对其进行安装和连接。

任务分析

通过现场查看和沟通，桌面上安装的投影仪连接到笔记本电脑上，然后投影到屏幕上，项目组需要先连接好投影仪，然后进行测试和使用。任务路线如图 7-2-13 所示。

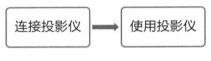

图 7-2-13　任务路线

任务实施

1. 连接投影仪

将投影仪与笔记本电脑进行连接，操作步骤如下。

步骤 1：将投影屏幕、投影仪、笔记本电脑按图 7-2-14 所示摆放到适合的位置。

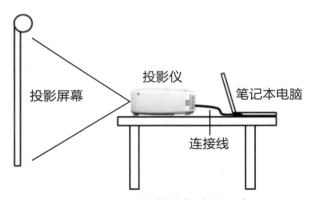

图 7-2-14　投影设备连接示意

步骤 2：将 VGA 线的一端插入投影仪的 VGA 口，拧紧螺母，如图 7-2-15 所示。

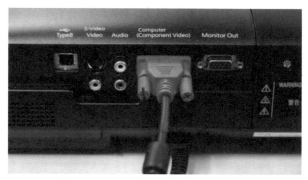

图 7-2-15　投影仪连接 VGA 线

步骤 3：将 VGA 线的另外一端插入笔记本电脑的 VGA 口，拧紧螺母，如图 7-2-16 所示。

图 7-2-16　笔记本电脑连接 VGA 线

2. 使用投影仪

步骤 1：取下投影仪防尘盖，然后启动投影仪。

步骤 2：按下笔记本电脑键盘上的"Win+P"组合键切换到"复制"选项，随后将屏幕复制到投影仪上，如图 7-2-17 所示。

图 7-2-17　使用"Win+P"组合键切换到"复制"选项

任务 ③　连接和使用移动终端

任务描述

　　祥博建筑公司有手机、平板电脑等多个智能移动终端，但公司工作人员不能很好地利用它们之间的连接和通信来实现快捷办公，所以小小所在的项目组大显身手的机会又来了。

任务分析

　　项目组通过与客户沟通，客户需要经常使用手机无线投屏到计算机进行产品展示，也需要实现移动终端间的跨屏连接来提高工作效率。任务路线如图 7-2-18 所示。

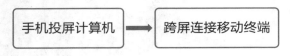

图 7-2-18　任务路线

任务实施

　　在日常办公和生活中，使用最多的智能移动终端是手机和平板电脑。

1. 手机投屏计算机

　　在进行会议展示或交流分享时，可以将手机无线投屏到计算机上。设备连接示意如图 7-2-19 所示，参考操作步骤如下。

图 7-2-19　设备连接示意

　　步骤 1： 在计算机上执行"设置"→"系统"→"投影到此电脑"命令，然后选择"可选功能"选项，如图 7-2-20 所示。

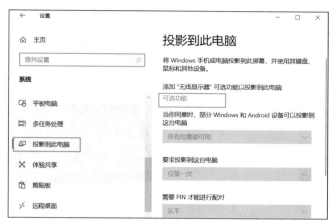

图 7-2-20　打开投影功能

步骤 2：在新打开的窗口中选择"添加功能"选项，勾选"无线显示器"选项然后安装，如图 7-2-21 所示。

图 7-2-21　添加无线显示器功能

步骤 3：回到"投影到此电脑"界面，按照图 7-2-22 所示方式设置，最后单击"启动'连接'应用以投影到此电脑"按钮。

步骤 4：在手机上开启"无线投屏"功能，随后会自动搜索网络内提供无线投影功能的设备，按提示连接上一步设置好的计算机即可，如图 7-2-23 所示。

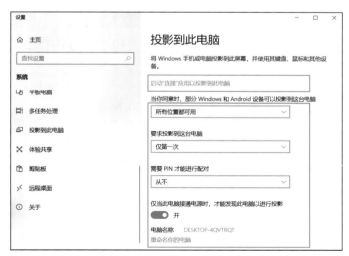

图 7-2-22　设置并启动无线投影功能

图 7-2-23　开启手机无线投屏功能

2. 跨屏连接移动终端

利用手机和平板电脑等智能终端设备之间的跨屏连接功能来快速输入文字，以实现快捷高效办公，如图 7-2-24 所示。

图 7-2-24　手机和平板电脑之间的跨屏连接

现在以搜狗输入法为例实现手机和平板电脑之间的跨屏连接，参考操作步骤如下。

步骤 1：在手机和平板电脑上均下载安装搜狗输入法。

步骤 2：设置手机的默认输入法为搜狗输入法。

步骤 3：在平板电脑上新建一个空白文件，切换到搜狗输入法，然后选择输入法状态栏最右边的"工具箱"选项，找到并单击"跨屏输入"按钮，出现一个二维码，如图 7-2-25 所示。

图 7-2-25　平板电脑端启动跨屏输入功能

步骤 4：将手机与平板电脑进行跨屏连接。在手机端，打开任一输入窗口，单击输入面板中的图标，选择"AI 服务"→"跨屏输入"选项，用手机扫描二维码，如图 7-2-26 所示。

图 7-2-26　手机端启动跨屏输入功能

步骤 5：根据需要，选择手机"语音输入"或"拍照转文字"功能，如图 7-2-27 所示。

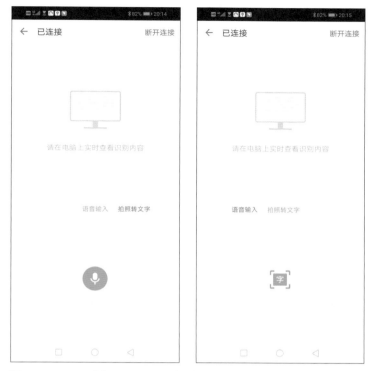

图 7-2-27　选择手机"语音输入"或"拍照转文字"功能

按效率办公、生活实用、摄影美图、购物优惠、金融理财、旅游出行等不同分类列举常用的手机 APP，每个分类不少于 3 个。

项目分享

方案 1：各工作团队展示交流项目，谈谈自己的心得体会，并选派代表分享交流。

方案 2：由学生代表与指导教师组成项目评审组，各工作团队制作汇报材料并进行答辩。

项目评价

请根据项目完成情况填涂表 7-2-1。

表 7-2-1　项目评价表

类　别	内　容	评　分
项目质量	1. 各个任务的评价汇总 2. 项目完成质量	☆ ☆ ☆
团队协作	1. 团队分工、协作机制及合作效果 2. 协作创新情况	☆ ☆ ☆
职业规范	1. 项目管理、实施环境规范 2. 项目实施过程、相关文档的规范	☆ ☆ ☆
建议		

注："★☆☆"表示一般，"★★☆"表示良好，"★★★"表示优秀。

项目总结

　　本项目依据行动导向理念，将行业中的连接和使用外围设备的典型工作过程转化为项目学习内容，共分为连接和使用打印机、连接和使用投影仪、连接和使用移动终端 3 个任务。在连接和使用打印机任务中学习了如何连接和共享普通打印机、连接和设置无线网络打印机；在连接和使用投影仪任务中学会了如何连接投影仪和使用投影仪；在连接和使用移动终端任务中学会了如何进行手机无线投屏计算机和跨屏连接移动终端。

项目 ③　维护计算机、移动终端和外围设备

项目背景

小小顶岗实习所在的公司承接了祥博建筑公司的一个项目，该项目需要维护一批计算机、移动终端和外围设备。

项目分析

小小所在的项目组对项目进行了初步的项目分析并拟定了项目实施计划。首先，项目组到祥博建筑公司实地考察并进行充分沟通，准备按照维护计算机、维护移动终端和维护外围设备的顺序开展工作，项目结构如图 7-3-1 所示。

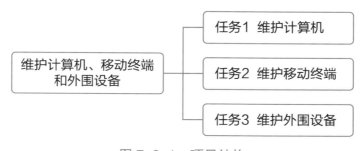

图 7-3-1　项目结构

学习目标

会对计算机、移动终端等信息技术设备的常见故障进行处理。

任务 ❶　维护计算机

　**任务描述**

小小所在项目组需要对祥博建筑公司的部分计算机进行软件和硬件维护。

任务分析

项目组通过与客户沟通，在做好充分维护准备的前提下，本着"先软后硬"的维护原则，决定先对系统进行优化，对问题比较多的系统直接进行系统恢复，最后维护硬件。任务路线如图 7-3-2 所示。

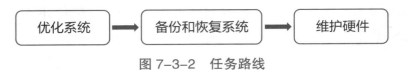

图 7-3-2　任务路线

任务准备

1. 软件检修准备

（1）备份资料

如果只是处理部分磁盘分区，可将需要的内容备份到另外的分区中。如果需要对整个磁盘进行处理，则应将需要备份的内容拷贝到移动硬盘、其他磁盘或云盘（图 7-3-3）中。

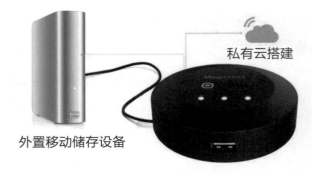

图 7-3-3　使用私有云盘进行备份

（2）记录原系统的工作状态

仔细查看原系统的安装位置，记录好原系统的 IP 地址和网关等网络设置信息，并记录好用户账号和密码。

（3）检查原系统的驱动

可使用"360 驱动大师""硬件精灵""驱动人生"等软件，查看和备份当前硬件的驱动，如图 7-3-4 所示为 360 驱动大师对计算机进行驱动备份。

图 7-3-4　驱动备份

2. 硬件检修准备

（1）牢记原机的连接位置和连接方式

打开机箱后，先仔细观察主机内部的部件连接方式，特别是品牌计算机、笔记本电脑或智能终端设备，有一些硬件的安装位置必须记住以便最后还原安装。对结构复杂，不易记牢的地方，可以采用拍照或录像的方式进行留底。

（2）准备工具

常用的有各种规格的螺丝刀、钳子、镊子、剪刀、橡皮擦、毛刷、棉球、吸尘器、无水酒精、专用清洗剂、导热硅脂、操作系统、应用软件和工具软件等。

（3）静电防护

静电对计算机芯片的伤害很大，在进行故障排除之前，可以通过触摸自来水管来释放身上的静电。如果有条件，可以佩戴防静电手套或者防静电手环等，如图 7-3-5 所示。

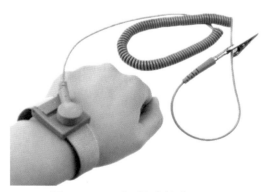

图 7-3-5　佩戴防静电手环

1. 优化系统

方式 1：使用 Windows 10 的 Windows 安全中心、Windows 更新中进行系统优化。

Windows 安全中心集成了常用的病毒和威胁防护、账户保护、防火墙和网络保护等基础功能，可以单击左下角的"设置"按钮进行设置，如图 7-3-6 所示。进行 Windows 更新设置时，可以在系统左下角搜索栏中输入关键字"更新"，在弹出的匹配中选择"Windows 更新设置"选项，如图 7-3-7 所示。

图 7-3-6　Windows 10 安全中心

图 7-3-7　Windows 10 系统更新

方式 2：使用第三方优化软件进行系统优化。

以 360 安全卫士软件为例，使用它可以进行木马病毒查杀、电脑清理、系统修复和优化加速等操作，如图 7-3-8 所示。

图 7-3-8　使用 360 安全卫士软件进行系统优化

2. 备份和恢复系统

系统用久了会变得特别臃肿和缓慢，如果系统做了备份的话，比较好的解决方法是恢复系统。下面以恢复 Windows 10 操作系统为例，其参考操作步骤如下。

步骤 1：单击 Windows 10 操作系统左下角的▦按钮，选择"设置"→"更新和安全"选项，如图 7-3-9 所示。

图 7-3-9 选择"设置"→"更新和安全"选项

步骤 2：在图 7-3-10 所示的对话框中，选择"恢复"命令后单击"开始"按钮，启动系统恢复。

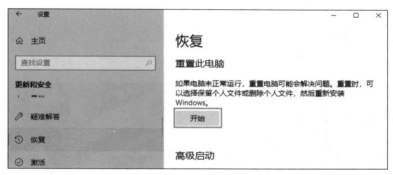

图 7-3-10 启动系统恢复

步骤 3：接下来，需要根据实际情况进行相应选择（有可能提示需要提供 Windows10 操作系统的安装原始文件），最后单击"初始化"按钮，开始系统恢复过程。这个过程可能要持续很长一段时间，在保证计算机或终端设备不掉电的情况下耐心等待，直到完成恢复。

3. 维护硬件

维护硬件常规操作是除尘、除锈和更换导热硅脂。参考步骤如下。

步骤 1：关机并拔下所有电源，再拔掉外设连接线。

步骤 2：清洁主机机箱外壳，以及键盘、鼠标、显示器等外围设备。

步骤 3：打开主机机箱，戴上口罩，到僻静处使用吹风机或者鼓风机对着机箱内部吹一吹，以吹去大部分积尘，如图 7-3-11 所示。

图 7-3-11　吹去机箱内的积尘

步骤 4：对 CPU 散热风扇、电源风扇、机箱风扇等积尘较多的部件，需要拆卸清理，如图 7-3-12 所示。

图 7-3-12　清理部件上的积尘

步骤 5：显卡和内存等有金手指的部件，由于使用时间过长，金手指上通常会有氧化层，从而导致接触不良。可以用橡皮擦来回擦拭金手指，再重新插入原位，如图 7-3-13 所示。

图 7-3-13　清理金手指上的氧化层

步骤 6：清理完成后，先安装好已拆卸部件，再连接好机箱内、外各种连接线和外部设备，最后接通主机电源，测试计算机能否正常启动。

校外实训：先了解并学习工业用计算机的相关知识，然后班级分小组走进生产车间，对车间内使用的工业用计算机进行一次简单的硬件维护。

任务 2　　　　　　**维护移动终端**

任务描述

　　小小所在项目组需要对祥博建筑公司的笔记本电脑进行维护。公司设计制作部移动硬盘上的"最终效果图"这个文件夹被误删除了，保存着重要资料的 U 盘也提示未被格式化打不开了，需要恢复数据。

任务分析

　　项目组通过与客户沟通，在做好充分维护准备的前提下，本着"先软后硬"的维护原则，决定先对系统进行优化，对问题比较多的系统直接进行系统恢复，最后维护硬件。任务路线如图 7-3-14 所示。

图 7-3-14　任务路线

任务实施

1. 维护笔记本电脑

（1）清洁笔记本电脑

　　笔记本电脑在使用一段时间后，会有很多污垢，特别是机箱内部会积上很多灰尘，导致散热不好而降低运行速度。

　　步骤 1：清洁液晶屏。

　　液晶显示屏幕表面会因静电而吸附灰尘，先在专用擦拭布上喷洒清洁剂，再轻轻擦拭屏幕。请勿用手指甲及尖锐的物品（硬物）碰触屏幕表面，以免刮伤显示屏。

　　步骤 2：清洁键盘。

　　可使用小毛刷清洁键盘缝隙灰尘（图 7-3-15），也可以使用高压喷气罐将灰尘吹出，或者使用掌上吸尘器清除键盘上的灰尘和碎屑。

　　步骤 3：清理笔记本电脑内部灰尘。

先关机或取下电池，拧下笔记本电脑底部螺丝，用撬棒轻轻打开后盖。当后盖完全打开后，轻轻取下 CPU 导热铜管和风扇，用吸尘器或吹尘器吸掉或吹掉主板上的灰尘，再用小毛刷清除风扇上的积尘（图 7-3-16）。清理完后，重新合上主机后盖，拧上底部螺丝后接通电源开机测试。

图 7-3-15　使用小毛刷来清洁键盘缝隙

图 7-3-16　用小毛刷清除风扇上的积尘

（2）升级笔记本电脑

如果笔记本电脑的硬件配置较低，可以对内存和硬盘等硬件进行升级，这样可以缩短笔记本电脑的启动时间，有效提升系统运行流畅程度。

步骤 1：升级内存。

拔掉笔记本电脑的电源线以后，取下笔记本电脑的电池，防止在安装内存时烧坏设备，如图 7-3-17 所示。

图 7-3-17　取下笔记本电池

用螺丝刀取下内存护盖，把新购内存以 30° 角插进内存插槽（内存有防插反设计，只有方向正确才能插入），插紧后按下即可，按下后会有清脆的咔嚓声，然后查看内存两侧的弹簧卡扣是否完全卡住内存，如图 7-3-18 所示。

图 7-3-18　安装内存

步骤 2：加装固态硬盘

固态硬盘比机械硬盘的读写速度快得多。首先找到固态硬盘接口，将固态硬盘插入接口，并且固定好，如图 7-3-19 所示。

图 7-3-19 加装固态硬盘

步骤 3：安装好笔记本护盖，装上电池（可以是之前取下的电池，也可以是新购电池）并接好电源，最后开机测试。如果系统能正常运行，升级完成。

2. 恢复移动盘数据

（1）恢复误删数据

把要恢复的移动硬盘上的所有内容备份到云盘或另一个磁盘中，以免在数据恢复过程中造成二次破坏。

使用数据恢复软件可以恢复磁盘和各种移动存储介质上丢失的数据。目前数据恢复软件有很多，如 Easy Recovery、DiskGenius、数据恢复大师、易我数据恢复、互盾数据恢复等，它们的主要功能都差不多，下面以 Easy Recovery 软件为例进行介绍。

步骤 1：从官网下载和安装 Easy Recovery 软件，打开后，该软件的主界面如图 7-3-20 所示。

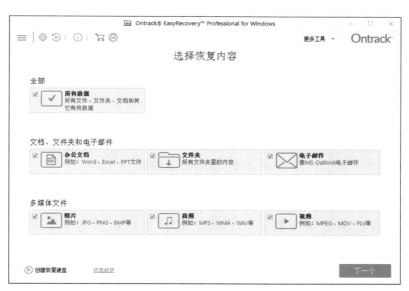

图 7-3-20 Easy Recovery 软件的主界面

步骤 2：在软件主界面中，选中"所有数据"选项，单击"下一个"按钮，然后选择"客户资料盘（H:）"，单击"扫描"按钮，如图 7-3-21 所示。

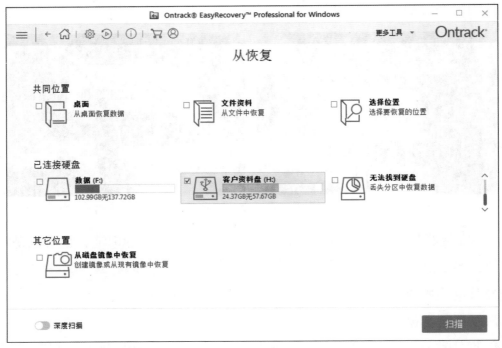

图 7-3-21　选择要恢复数据的磁盘进行扫描

步骤 3：数据恢复软件按指定的位置和指定的内容进行数据扫描。指定扫描的文件越多，扫描的时间就会越长，需要耐心等待，直到扫描完成，如图 7-3-22 所示，可以清楚地看到在 H 盘查找到的总的数据量。

图 7-3-22　扫描结果

步骤 4：在扫描结果窗口中（图 7-3-23）可以按"文件类型""树状视图""已删除列表"等三种方式查找已丢失的文件或文件夹。如果文件或文件夹名称前面的图标上出现红色的"×"标志，说明这是以前被删除的文件或文件夹。

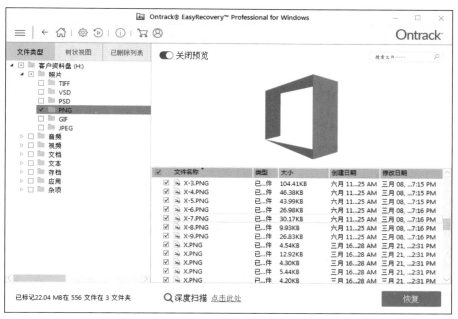

图 7-3-23　扫描结果窗口

步骤 5：在图 7-3-23 中，选择要恢复的文件和文件夹，单击"恢复"按钮，然后选择保存位置即可。注意，千万不能保存到正在操作的待恢复的数据盘上。

步骤 6：如果在上面没有找到丢失的 H 盘数据，可以单击图 7-3-23 下方的"深度扫描"旁边的"点击此处"链接，对 H 盘进行更加彻底的扫描。

很多数据恢复软件都可以进行误格式化恢复、分区消失恢复、手机数据恢复、U 盘／储存卡恢复、人工服务有偿恢复等，如图 3-24 所示。

图 7-3-24　更多的数据恢复功能

（2）恢复 U 盘数据

①备份数据。

在恢复 U 盘数据前，同样需要先备份后恢复。这里使用 WinHex 这款软件进行备份。

WinHex 是一款以通用的十六进制编辑器为核心，专门用来进行计算机取证、数据恢复、低级数据处理的底层数据恢复软件。WinHex 可以用来检查和修复各种文件，恢复删除文件、硬盘损坏、移动盘感染病毒等造成的数据损失。使用 WinHex 备份 U 盘数据的操作步骤如下。

步骤 1： 从官网下载和安装 WinHex 软件。

步骤 2： 在图 7-3-25 所示的软件窗口中，单击"磁盘克隆"按钮，打开磁盘克隆窗口。选择要克隆的源盘（也就是待修复的 U 盘），然后选择并创建目标镜像文件的位置和名称（也就是把 U 盘中的所有数据变成一个文件保存起来，特别注意的是，备份的存放位置一定不能在待修复的 U 盘上），最后单击"确定"按钮，开始备份。备份的时间可能比较长，请耐心等待。

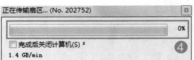

图 7-3-25　对 U 盘进行备份

　　对磁盘进行恢复处理（包括查杀病毒）前，一定要对磁盘进行备份，以免对磁盘造成二次不可逆的破坏。

②专业恢复处理。

方式 1： R-Studio 是一款功能超强的数据恢复工具，它通过对整个磁盘的扫描，利用智能检索技术来确定现存的和曾经存在过的分区以及分区的文件系统格式。使用 R-Studio 软件修复数据的操作如下。

步骤 1： 在图 7-3-26 所示的 R-studio 软件的主界面中，选择需要恢复数据的分区，然后单击工具栏上的"扫描"按钮。

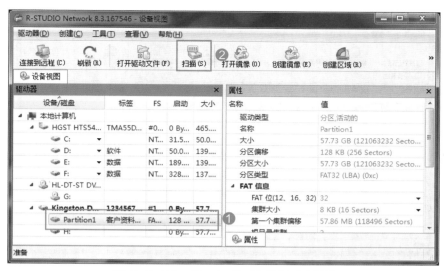

图 7-3-26　R-studio 软件的主界面

步骤 2： 在弹出扫描设置窗口（图 7-3-27）中设置扫描磁盘的起止区间（一般默认为整个磁盘区间），根据磁盘的文件系统进行选择（这样可以加快分析速度）。建议保存本次扫描期间收集的磁盘数据结构信息到指定的文件中（这样以后可以直接打开，避免再次执行相同的扫描；当选择保存位置的时候，注意不要选择待恢复数据的磁盘）。设置完后，单击"扫描"按钮，开始扫描。

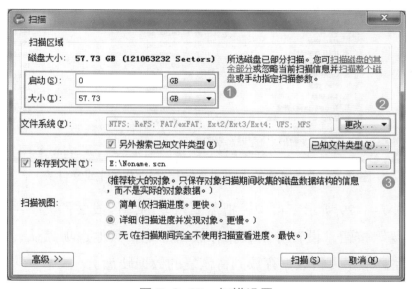

图 7-3-27　扫描设置

步骤 3： 扫描完成后，如图 7-3-28 所示，展开左边的目录树结构，绿色区域表示扫描到的优质的分区结构，橙色区域表示扫描到的次要可能的分区结构，红色区域表示扫描到的可能不重要的分区结构。

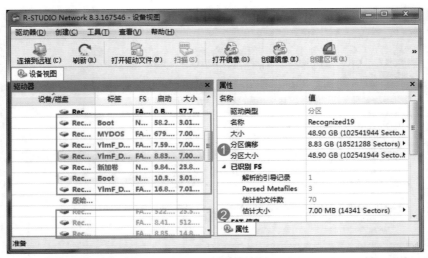

图 7-3-28　不同颜色的分区结构

步骤 4：双击区域中的优质分区结构，在 R-Studio 目录列表中可以看到完整的文件夹结构，红色带"×"号和问号的文件夹是以前人为或系统删除过的内容，如图 7-3-29 所示。

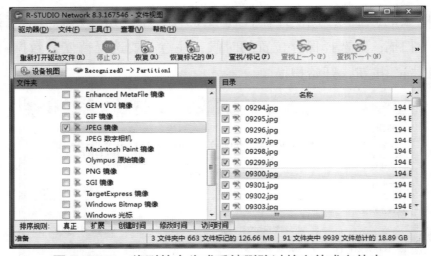

图 7-3-29　找到的人为或系统删除过的文件或文件夹

步骤 5：在图 7-3-29 所示窗口中，把需要恢复的文件或文件夹一一勾选，然后单击工具栏上的"修复"按钮，设置导出数据存放目的地，其他选项默认，即可以把丢失的数据恢复出来。注意，不可将数据存放到待恢复的数据硬盘上。

　　这种操作方法，只是把打不开的 U 盘里丢失的数据恢复出来，但 U 盘还是会打不开，不过没有关系，在确保重要的数据已经完整恢复出来后，就可以放心大胆地格式化 U 盘了。如果 U 盘格式化操作也无法完成，则可以试着对非物理损坏的 U 盘按芯片类型进行量产操作。

方式 2：使用 WinHex 软件修复 U 盘，操作步骤如下。

步骤 1：启动 WinHex 软件，在图 7-3-30 所示的窗口中，单击"打开磁盘"按钮，然后选择待恢复的物理存储介质（注意，这里不要错选成 HD0，HD0 代表的是计算机中的第一块硬盘，也不要错选成"逻辑卷/分区"下的 H 盘），再单击"确定"按钮。在打开的窗口中，可以看到 U 盘里的所有数据，只不过这些数据不是常见的一个又一个的文件或文件夹，而是用十六进制格式表示的当前磁盘数据。

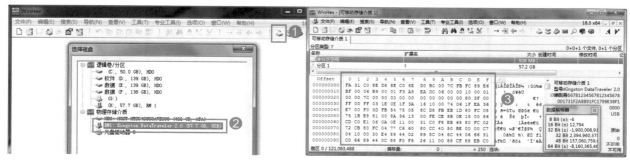

图 7-3-30 　在 WinHex 中打开 U 盘

物理损坏的磁盘在 WinHex 软件中是打不开的。

步骤 2：如图 7-3-31 所示，将扇区向下移动到偏移 1F0 处（即 U 盘第 0 号扇区的最后一行起始处，一般情况下，这一行与下面第 1 号扇区的第一行之间有一根分隔线，比较好找），可以看到，这行的最后两个字节是第 0 号扇区的结束标记，现在它的值是十六进制数 00 00（即偏移 1FE 和 1FF 处的两个字节的值是 00 00）。

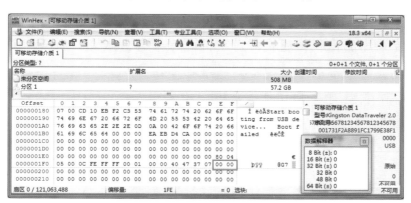

图 7-3-31 　跳转到第 0 号扇区的 1FE 和 1FF 偏移处

磁盘的第 0 号扇区的最后两个字节的值应该是固定值 55 AA，所以需要把这两个字节的值改为固定值 55 AA。

单击工具栏上的"保存"按钮或按组合键"Ctrl+S"，在出现的提示对话框中，单击"确定"按钮和"是"按钮，保存所做的修改。确认保存如图 7-3-32 所示。

图 7-3-32　确认保存

步骤3：等待片刻或者重新拔插U盘，就可以正常打开和使用U盘，如图7-3-33所示。

图 7-3-33　U盘恢复正常

　　U盘提示格式化的原因有很多，这只是其中一种而已；在对十六进制数值进行更改时，务必要小心谨慎，以防误操作导致更大的麻烦。

　　1.下载并安装系统优化和管理软件对手机进行杀毒、体检、加速、个人隐私保护、软件管理、文件管理、电池节电和系统检测等维护操作。

　　2.使用DiskGenius软件恢复U盘中被误删除的文件。

任务 ③ 　　　　　　　维护外围设备

任务描述

小小所在项目组需要对祥博建筑公司的外围设备进行维护。

任务分析

项目组通过与客户沟通，准备先维护打印机，再维护投影仪。任务路线如图 7-3-34 所示。

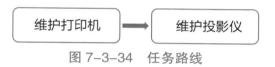

图 7-3-34　任务路线

任务实施

1. 维护打印机

（1）更换硒鼓

日常办公打印中，使用得最多的是激光打印机。激光打印机在使用一段时间后，由于碳粉逐渐消耗完导致打印颜色变浅或不均匀，此时就需要更换硒鼓。以惠普激光打印机为例，更换硒鼓的参考操作步骤如下。

步骤 1：打开打印机顶盖并拿出硒鼓，如图 7-3-35 所示。

步骤 2：拿出新的硒鼓，左右摇动，把硒鼓里的碳粉摇均匀，然后从左侧拉出封条，如图 7-3-36 所示。

图 7-3-35　打开打印机顶盖并拿出硒鼓

图 7-3-36　左右摇动并拉出封条

步骤3：取下硒鼓的保护盖板，标签朝内，把硒鼓放入打印机内，如图7-3-37所示。

步骤4：合上打印机顶盖，进行打印测试，如图7-3-38所示。

 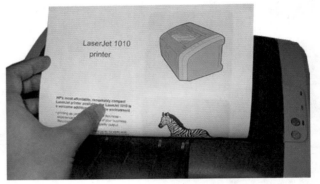

图7-3-37　把硒鼓放入打印机　　　　　　　图7-3-38　打印测试

（2）排除打印故障

打印机常见故障及维护办法见表7-3-1。

表7-3-1　打印机常见故障及维护办法

序号	故障现象	可能原因	解决办法
1	打印颜色变浅或不均匀	硒鼓老化	更换硒鼓
2	手触摸打印字迹时会脱落	打印纸太厚	更换成薄纸
		定影部分有故障	送修
3	打印出空心字	纸太硬或表面太光滑	更换纸张
		纸潮湿	更换纸张
4	有底灰	感光鼓老化	更换感光鼓
		充电辊脏或损坏	清洁或更换
5	有黑斑	打印机仓内有散粉	清洁机舱或多打印几页自动恢复正常
		感光鼓划伤	更换感光鼓
6	无线网络打印机工作异常	无线设置不正确	重新设置无线功能并重启打印机
		设备硬件故障	断电重启、报修或更换设备

2. 投影仪维护

（1）设置投影仪

为了让投影效果更好，应根据实际情况进行设置和维护，参考操作步骤如下。

步骤 1：调整投影仪高低。调整投影仪的支脚在投影仪的下方，根据投影位置的要求适当调整各个支脚的高低，如图 7-3-39 所示。

图 7-3-39　调整投影仪高低

步骤 2：自动调整图像质量。按投影仪或者遥控器上的"AUTO"按键，可以自动调整投影图像质量，如图 7-3-40 所示。

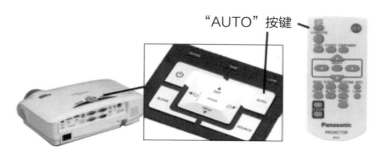

图 7-3-40　自动调整图像质量

步骤 3：手动调整图像清晰度和大小。使用投影仪上的聚焦环可以调整图像清晰度，变焦环可以对投影图像整体大小进行微调，如图 7-3-41 所示。

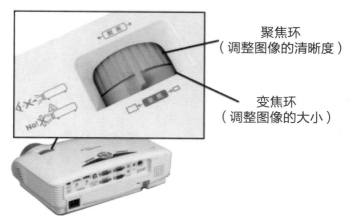

图 7-3-41　调整图像的清晰度和大小

（3）常见故障处理

投影仪常见故障及维护办法见表 7-3-2。

表 7-3-2　投影仪常见故障及维护办法

序号	故障现象	解决办法
1	灯泡故障	直接更换灯泡
2	电源故障	如果主电源没有供电，可检查电源的保险有无问题，若没有问题，可能是电源供应器损坏，联系厂商维修
3	图像偏色	先检查 VGA 线缆是否插好或 VGA 接头的针是否弯曲或损坏，再检查光学系统是否问题，有问题联系厂商维修
4	无信号输出	先检查连接线缆是否正确，然后检查投影仪信号选择是否与信号源一致，若仍然无信号输出，再检查计算机是否正常向投影仪输出了信号

任务延伸

　　校外实训：走进一家广告设计公司，对公司的多功能一体机、扫描仪、工程图纸复印机等外围设备进行一次维护。

项目分享

方案 1：各工作团队展示交流项目，谈谈自己的心得体会，并选派代表分享交流。

方案 2：由学生代表与指导教师组成项目评审组，各工作团队制作汇报材料并进行答辩。

项目评价

请根据项目完成情况填涂表 7-3-3。

表 7-3-3　项目评价表

类　　别	内　　容	评　分
项目质量	1. 各个任务的评价汇总 2. 项目完成质量	☆☆☆
团队协作	1. 团队分工、协作机制及合作效果 2. 协作创新情况	☆☆☆
职业规范	1. 项目管理、实施环境规范 2. 项目实施过程、相关文档的规范	☆☆☆
建议		

注："★☆☆"表示一般，"★★☆"表示良好，"★★★"表示优秀。

项目总结

本项目依据行动导向理念，将行业中的维护计算机、移动终端和外围设备的典型工作过程转化为项目学习内容，共分为维护计算机、维护移动终端、维护外围设备 3 个任务。在维护计算机任务中学习了如何优化系统、恢复系统和维护硬件；在维护移动终端任务中学会了如何维护笔记本电脑和恢复移动盘数据；在维护外围设备任务中学会了如何维护打印机和投影仪。

项目拓展　　教师办公室信息技术设备日常维护

1. 项目背景

教师办公室现有教师用计算机 8 台、激光打印机 1 台。小小所在项目组需要对办公室的计算机和打印机进行日常维护，让计算机和打印机更加安全地高效运行。

2. 预期目标

学校信息化设备运维中心希望能对教师办公室的计算机和打印机进行日常维护。具体要求如下：

1）使用软件清理和优化 8 台计算机；

2）给所有计算机设置符合密码复杂性要求（至少 8 位密码，密码至少包含字母、数字和特殊字符）的登录密码，以免非法使用；

3）对所有显示器和鼠标键盘进行清洁；

4）激光打印机的碳粉即将用完，需更换硒鼓。

3. 项目资讯

1）清理和优化计算机系统的方法有_____

_____

_____。

2）如何设置计算机登录密码才能使计算机里的软件和数据资源更安全？

_____

_____。

3）清洁外部设备的注意事项有_____

_____

_____。

4）判断激光打印机常见故障的方法和技巧有_____

_____

_____。

4.项目计划

绘制项目计划思维导图。

5.项目实施

任务 1：清理和优化计算机

1）磁盘碎片整理;

2）系统垃圾清理;

3）系统优化加速。

任务 2：计算机安全设置

1）创建管理员账号;

2）设置安全登录密码。

任务 3：清洁外部设备

1）清洁显示器;

2）清洁键盘;

3）清洁鼠标。

任务 4：维护激光打印机

1）分析故障现象;

2）查找故障原因;

3）排除故障。

6. 项目总结

（1）过程记录

记录项目实施过程中的各种情况，为工作总结提供依据，如表格不够，可自行加页。

序　号	内　容	思考及解决方法
1		
2		
3		

（2）工作总结

从整体工作情况、工作内容、反思与改进等几个方面进行总结。

7. 项目评价

内　容	要　求	评　分	教师评语
项目资讯（10分）	回答清晰准确，紧扣主题，没有明显错误		
项目计划（10分）	计划清楚，图表美观，能根据实际情况进行修改		
项目实施（60分）	实施过程安全规范，能根据项目计划完成项目		
项目总结（10分）	过程记录清晰，工作总结描述清楚		
态度素养（10分）	按时出勤、积极主动、清洁清扫、安全规范		
合计	依据评分项要求评分合计		

专题 **8**　机器人操作

　　随着科技的发展，机器人在各行各业中的应用越来越广泛，机器人的应用也从工业制造领域逐渐拓展到教育娱乐、医疗康复、安防救灾、政务服务、商业等诸多领域，已成为当今社会不可或缺的人类助手。近年来，国内科研机构和企业加大了机器人的研发投入，在硬件基础与技术水平上取得了显著提升，但缺少现场调试、维护、操作与运行管理等应用型人才。本专题鼓励学校利用现有设备，训练学生能够简单操作相关机器人完成任务，从而激发学生学习热情，促进科学精神和创新能力的培养。

　　本专题共设置四个实践项目，即简易机器人组装调试、工业机器人仿真操作、无人机航拍、服务机器人配置。在教学实施时，可根据不同专业方向选择具体教学项目，每个项目的内容要求简要描述如下。

　　1.简易机器人组装调试：了解简易机器人的相关知识，掌握简易机器人的构成部件，能设计和组装简易机器人，能够通过程序控制机器人的运动。

　　2.工业机器人仿真操作：了解工业机器人的应用和发展前景，了解工业机器人的特点和分类，会利用仿真软件对工业机器人进行简单操作。

　　3.无人机航拍：能正确安装无人机螺旋桨和电机桨座，能根据拍摄内容规划航拍路线并驾驶无人机进行拍摄，对视频进行后期编辑。

　　4.服务机器人配置：了解服务机器人运行原理，能正确安装、配置及调试服务机器人；了解智能在线客服机器人的工作原理，能简单搭建智能客服机器人。

项目 ① 简易机器人组装调试

项目背景

在人工智能及模式识别技术迅猛发展的今天，各式各样的机器人应运而生。小小对机器人充满了好奇，在老师指导下，决定自己组装调试一台简易机器人。

项目分析

组装调试简易机器人，首先要在了解简易机器人相关知识的基础上，根据需求选用控制器、马达和车轮等部件完成简易机器人搭建，随后根据需求编制控制程序并导入机器人控制器，进而控制简易机器人实现移动、避障、巡航等功能。项目结构如图8-1-1所示。

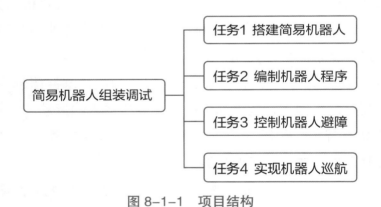

图 8-1-1　项目结构

学习目标

- 了解机器人的相关知识。
- 熟悉简易机器人的构成部件。
- 会设计和组装简易机器人。
- 能通过程序控制机器人的运动。

搭建简易机器人

任务描述

　　市面上的简易机器人种类较多，但功能、结构类似，小小需要选取适合的简易机器人部件，进行手动搭建。

任务分析

　　搭建简易机器人，先要了解简易机器人相关知识，并熟悉简易机器人各个组装部件及功能，其次要掌握简易机器人的控制方法。

任务准备

1. 简易机器人

　　简易机器人是机器人的一种，通常由简单的机械结构和简单的电路结构结合构成，其价格低廉，适合初学者使用，可广泛运用于机器人教学和科研。简易机器人和商业机器人的对比如表 8-1-1 所示。

表 8-1-1　简易机器人与商业机器人的对比

	简易机器人	商业机器人
应用场景	教具、玩具	各类专业领域
机械结构	拼装模型	高刚性、高强度满足额定负载
控制系统	单片机，软件资源丰富，单任务简单编程	专用控制板，软件开发环境复杂，多任务实时操作编程
优　点	简单、易于实现	稳定地满足专业要求

2. 简易机器人的组成

简易机器人主要由传感器、控制器和机械部件三大部件构成。传感器由摄像头和各类感知传感器件组成，主要负责感知周围的环境信息；控制器由智能控制部件及软件系统组成，用来控制各部件协调工作；机械部件由车轮和马达组成，负责执行驱动动作。

（1）传感器

传感器是机器人的重要组成部件，分为内部传感器模块和外部传感器模块，用于获取内部和外部环境中有用的信息，常用的有测距传感器、方向传感器、声敏传感器、颜色传感器等。传感器可以提高机器人的认知能力、适应能力和智能化水平。常见简易机器人传感器如表 8-1-2 所示。

表 8-1-2　常见简易机器人传感器

名称	图片示例	功能
触碰传感器		通过开关触碰，识别机器人是否被触碰
红外测距传感器		发射红外线信号，并接收返回信号，从而判断机器人与物体间的距离
光电传感器		扫描对象的颜色深浅值
湿温度传感器		检测环境的湿度、温度，并返回数值
方向传感器		检测并返回当前机器人的角运动状态，包括 X、Y、Z 三轴的倾斜角度、运动速度、加速度等信息

（2）控制器

控制器是一种微型计算机，它相当于机器人的大脑和中枢神经，根据传感器件反馈回来的信号，按照编制好的程序指挥机器人的驱动部件去完成相应的运动和功能，如图8-1-2所示。

图 8-1-2　机器人控制器

（3）机械部件

机械部件是为机器人提供动力的装置，包括马达、车轮等。根据采用的动力源不同，驱动方式主要有液压驱动式、气压驱动式和电气驱动式三种。简易机器人的动力一般采用锂电池驱动，即为电气驱动式。

1. 选取结构部件

简易机器人常见结构部件见表 8-1-3。选取合适的机器人结构部件，是装配一台简易移动机器人的基础。

表 8-1-3　简易机器人常见结构部件

名称	图片示例	说明
马　达		为机器人提供驱动力
车　轮		支撑机器人，传送牵引和制动的扭力
马达轴零件		马达安装配件

续表

名称	图片示例	说明
格 梁		搭建机器人积木件
格 销		搭建机器人积木件
直角销		搭建机器人积木件
双孔销		搭建机器人积木件
滚珠万向轮		支撑机器人的前轮，摩擦力较小
板结构件		搭建机器人积木件
数据线		RJ11 接口传输线，用于计算机与控制器之间传输程序

2. 组装简易机器人

按照图 8-1-3 所示选取简易机器人结构部件进行装配，并将控制器和驱动马达以数据线连接。

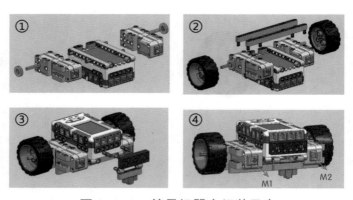

图 8-1-3　简易机器人组装示意

马达 M1 和 M2 安装位置是镜像对称的，如果同一顺向旋转时，就会出现一个向前、一个向后，为避免这种情况，需要在控制器中修改马达方向。马达设置界面如图 8-1-4 所示，将马达方向修改成一正一反。

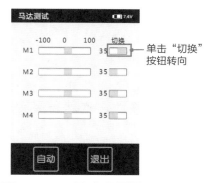

图 8-1-4 马达设置界面

3. 调试结构

搭建出来的简易机器人应该结构坚固，转向自如，底盘与地面有一定高度差，机器重心适中，结构件之间的组合无松动现象，如图 8-1-5 所示。

图 8-1-5 搭建完成

查阅资料了解模块化机器人相关知识，了解模块化机器人的应用领域。

编制机器人程序

任务描述

简易机器人装配好以后还不能移动，这就需要为机器人编制控制程序，让程序控制机器人移动。

任务分析

要让简易机器人"动起来"，就需要使用编程软件编制机器人控制程序，这些程序能让机器人根据预设进行移动，变得有"思想"。本任务中先使用编程软件编制控制程序，然后将程序装入机器人的控制器中，最后根据程序运行及机器人运行的状况来不断调试程序，让机器人运动起来。

任务准备

1. 机器人编程软件

机器人编程软件较多，在专业应用领域的有 RobotMaster、Robcad、RobotExpert 等，而简易机器人使用的编程软件通常是可视化的，有 RoboEXP、慧编程、V-REP 等。其中 RoboEXP 又称为机器人快车，是由中鸣机器人公司出品的一款机器人编程软件，软件界面分为菜单栏、工具栏、模块库、编程区，以及属性、代码、变量窗口五大区域，如图 8-1-6 所示。

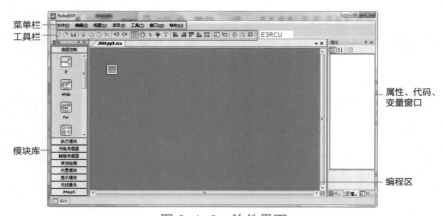

图 8-1-6　软件界面

2.简易机器人编程软件操作方法

简易机器人编程软件大多是图形化的。机器人快车遵循自上向下的编程逻辑思维过程，只需简单排列拖放各功能模块图标，绘制出程序图，即可自动生成可视化源代码，让初学者快速了解机器人工作方式与控制方式，同时培养编程思维。以"连接马达"编程为例，操作方法如下：

（1）调用模块

在菜单栏中选择"文件"的"新建"命令，在弹出的对话框中输入程序名称，如图8-1-7所示，然后选择"执行模块"库中的"马达"模块并拖动到编程区，如图8-1-8所示。

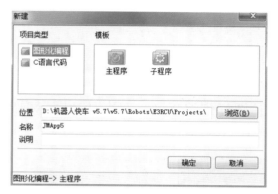

图 8-1-7　新建程序

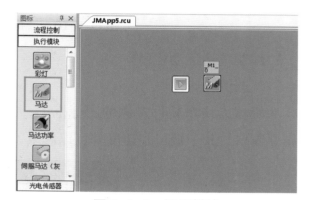

图 8-1-8　调用模块

（2）实现控制

此时马达图标为黑灰色，表示没有控制功能，这就需要将开始（运行）图标和马达图标连接起来才能真正控制马达。单击开始（运行）图标，图标的右上角变黑之后，再单击这个边角后移动鼠标，会出现红色虚线，然后移动鼠标到另一个图标左侧单击即可完成连接，如图8-1-9所示。

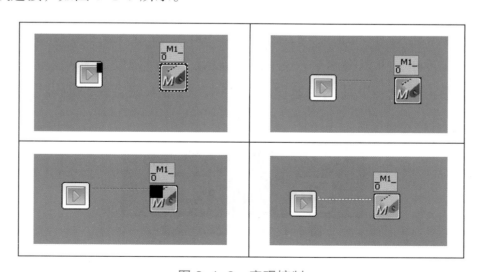

图 8-1-9　实现控制

任务实施

1. 下载安装软件

访问中鸣机器人官方网站，找到"机器人快车"软件进行下载，如图 8-1-10 所示。下载后根据提示进行安装并运行。

图 8-1-10 　"机器人快车"软件下载

2. 编制马达运动程序

（1）调用马达模块

从机器人快车软件左侧的图标框中，拖动马达图标到编程区，双击马达图标弹出马达属性窗口，其中端口和速度都可以修改，如图 8-1-11 所示。

图 8-1-11 　马达属性窗口

（2）设置马达功能

设置马达 M1 速度为"100"、M2 速度为"100"，机器人就可以全速前进。如果想让机器人转弯或转向，可以将两个马达的速度设置为一快一慢，速度差值越大，转弯速度就越快。如果将其中一个马达的速度设置为 0，机器人就会在原地进行单轮转向，如图 8-1-12 所示。

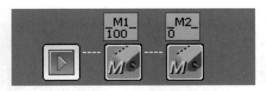

图 8-1-12 　设置马达速度

（3）装入控制器

单击工具栏中的"下载"按钮 ，或者按快捷键 F10，将程序传输到机器人的控制器上。注意：当出现下载的对话框时，再打开控制器的电源按下左侧"下载"按钮，如图 8-1-13 所示。

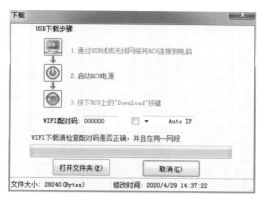

图 8-1-13　下载程序

（4）设置马达持续运动

由于程序的运行速度非常快，在编制的程序中，马达运转很短的时间就会停止。要让机器人持续地运转，必须要设置循环结构使程序不断循环执行。

在机器人快车软件左侧的"流程控制"和"内置模块"处分别找到"循环"图标和"等待"图标并拖入到编程区，并将"循环"和"等待"图标连接到程序中，使车体循环执行相应操作。如图 8-1-14 所示，表示让车体循环执行原地转弯 5 秒，再原地旋转 5 秒。

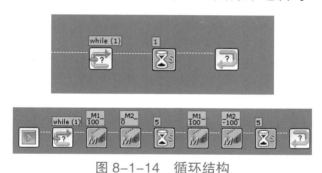

图 8-1-14　循环结构

3. 功能调试

将程序载入机器人控制器后进行功能调试，通常分为硬件调试和软件调试两方面。硬件调试包括检查电池、车轮、马达等，如果硬件正常，再根据机器人的运行情况，来检测软件的流程及参数设置。

通过网络查阅相关资料，了解机器人按轨迹运行的相关知识，并与其他同学分享。

控制机器人避障

移动机器人行驶在道路上，不可避免地会遇到很多物体，在行驶中能否识别障碍物并做出避让是关系到行人是否安全的重要环节。通过前两个任务，已经完成了简易移动机器人的装配，并用程序实现马达控制简易机器人移动，接下来需要实现简易机器人的自动避障功能。

任务分析

传感器可以使机器人识别周围的障碍物并计算与障碍物之间的距离，根据距离和自身的速度判断是否要进行避让。在本任务中，首先要了解传感器的种类及其应用范围，然后根据实际情况选择合适的传感器，最后实现自动避障功能。

任务准备

1. 超声波传感器

超声波传感器的工作原理和蝙蝠的回声定位方式是一样的，它在工作时会发出人耳听不见的超声波，超声波在接触到障碍物时反射回来被传感器接收。超声波传感器会记录发射和接收的时间间隔，根据声波在空气中的传播速度（大约为 340 m/s），即可根据公式 $s=v\cdot(t_1-t_2)$ 计算出机器人与障碍物的距离。超声波传感器如图 8-1-15 所示。

图 8-1-15 超声波传感器

2. 避障程序界限值

在编写简易移动机器人的避障程序前，需要明确程序可能涉及的情况。需要给移动机器人设定一个界限值，移动机器人在对前方障碍物进行测距时，当检测距离大于界限值，判定为无障碍物，移动机器人前行；当检测距离小于界限值，判定为有障碍物，移动机器人进行避让，如图 8-1-16 所示。

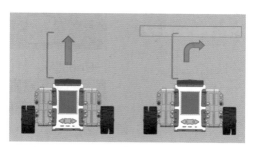

图 8-1-16　避障机器人流程分析

1. 组装超声波传感器

将超声波传感器连接并固定在移动机器人的前方，并用连接线接在控制器的 P1 端口，如图 8-1-17 所示。

图 8-1-17　组装超声波传感器

2. 分析避障程序结构

移动机器人能够智能避障，需要根据超声波传感器测定移动机器人与障碍物的距离值，并用距离值与设定的界限值进行对比。没有达到界限值，机器人将继续前进，达到或超过界限值，机器人就转向或停止移动。

在避障的程序编写中，要使用到条件分支结构。If-Else 是由两个英文单词 if 和 else 组成的。if 的中文意思是"如果"，else 的中文意思是"否则"。机器人快车的 If-Else 图标具有判断功能，它被用来实现"如果判断条件成立，就做某事；否则做其他事"。因此可以使用它来判断某个条件是否成立，从而决定是否做某件事或做其他事。例如，要判断车体是否碰撞到墙壁，就要使用这个模块。根据程序编写的语法定义，条件分支语句结束要跟 END 语句，表明条件分支语句结束。同样，在图形化的机器人快车中编制程序，If-Else 结束时，要以 IF-End 图标表明。

如图 8-1-18 所示，首先判断程序流入到 P（判断条件）时，程序会依据条件表达式做出一个判断。当条件成立时，执行 A 部分；当条件不成立时，执行 B 部分。

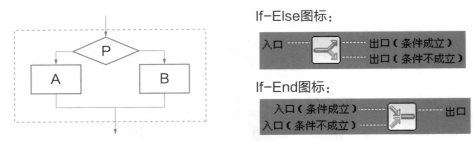

图 8-1-18　避障程序结构

3. 编制机器人的避障程序

结合上述分析情况，回到机器人快车软件中将程序完善，如图 8-1-19 所示。

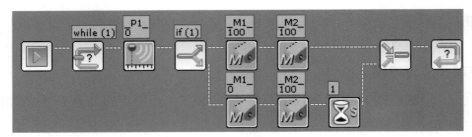

图 8-1-19　完善避障程序

图标连接完成后，仍需要对图标进行设置，可在变量窗口新建一个变量 var0，用于存放超声波传感器返回的数值。先右击"超声测距"图标调出属性窗口，将属性窗口的 mode 值设置为"var0"（图 8-1-20）；再右击 If 图标，在判断条件中输入"var0>10"，如图 8-1-21 所示。

图 8-1-20　设置 mode 值

图 8-1-21　输入判断条件语句

将修改后的程序下载到控制器中并观察效果，如图 8-1-22 所示。

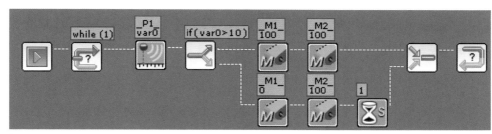

图 8-1-22　观察效果

4. 调试运行

（1）硬件调试

硬件调试可以先编制两个简单的程序，如左、右轮反方向转动，在与距离障碍物一定的范围内让机器人停下来等，查看硬件是否正常。

（2）软件调试

将编写好的软件载入机器人控制器中，根据机器人运动的情况来调试程序。

机器人的调试，受环境影响很大，安装、场地、环境光的不同都会影响机器人的运行，这需要开发者耐心地记录每次调试运行的情况，然后根据实际情况做相应改进。

使用不同材质、不同颜色的物品作为无人车的障碍物，检验不同物体对超声波传感器的反射有何影响。

任务 ④　实现机器人巡航

任务描述

　　人依靠眼睛可以轻易地识别道路的走向，同时做出反应，但这对于简易机器人来说却是一个挑战，接下来小小将让简易机器人完成固定路径的移动，即实现巡航功能。

任务分析

　　路径规划，是指机器人自起点到终点顺利、安全运行的路径。要实现简易机器人巡航功能，首先需要规划路线，然后选择多个传感器组合，随后将编写的程序载入控制器中，最后进行功能调试。

任务准备

1. 光电传感器

　　光电传感器有 2 个探头，分别是反射探头和接收探头。在工作时，反射探头会发出强光，遇到物体会被反射；接收探头接收到反射光线的强度越弱，证明物体的颜色越深；反之越浅。从而实现让光电传感器"看见"不同深浅的环境光线。

　　光电传感器的原理是基于光从不同颜色的物体反射回来时，强弱是不一样的，其中黑色的反射光最弱，白色的反射光最强，机器人将光的反射强弱用 0~4 096 数值来表示。数值越大，反射光越强，说明光电传感器"看见"的颜色越亮；数值越小，说明光电传感器"看见"的颜色越暗。光电传感器如图 8-1-23 所示。

图 8-1-23　光电传感器

2. 巡航程序流程分析

　　在编写机器人的巡航程序前，首先明确程序可能涉及的情况。安装 2 个光电传感器位于车体的左右两侧，机器人在运行时会出现 3 种情况：当机器人中心位置处于黑线上时，车体直行；当机器人中心位置处于黑线左侧时，车体右转以矫正位置；当机器人中心位置处于黑线右侧时，车体左转以矫正位置，如图 8-1-24 所示。

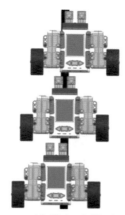

图 8-1-24　巡航程序的流程分析

在程序编制时，还需要判断 2 个或 2 个以上的条件是否成立，这就要求使用逻辑判断。"与""或"和"非"是程序在判断时常用的逻辑用语。2 个条件同时成立的情况，在程序逻辑上称为"与"；两个条件只要有一个条件成立就可行，在逻辑判断上称为"或"。

在 If-Else 图标属性窗口中，除了基本的大于、小于和等于，下方还有"逻辑选择框"，其包含逻辑"与"符号（表示为"&&"）、逻辑"或"符号（表示为"||"）这两个选项。逻辑应用分析如图 8-1-25 所示。

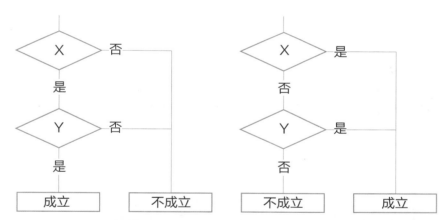

判断条件	结果
X && Y	如果条件 X 和 Y 同时成立，就判断条件成立，否则判断条件不成立
X ‖ Y	如果条件 X 和 Y 任一成立，就判断条件成立，否则判断条件不成立

图 8-1-25　"与""或"逻辑符号

1. 组装光电传感器

将 P1 和 P2 两个光电传感器固定在车体的前方，并用连接线接在控制器的两个传感器连接端口，如图 8-1-26（a）所示。由俯视图观察可知，当光电传感器 P1 与 P2 均无检测到黑线时，说明机器人是正的，车体前进；当 P1 端口光电传感器检测到黑线时，说明机器人向右倾斜，马达 M2 需要增大速度使其左转；当 P2 端口光电传感器检测到黑线时，说明机器人向左倾斜，马达 M1 需要增大速度使其右转，如图 8-1-26（b）所示。

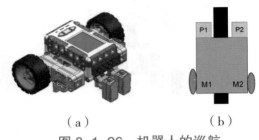

（a）　　　　　　　　（b）

图 8-1-26　机器人的巡航

2. 编制巡航程序

编制巡航程序的参考步骤如下。

步骤 1：在机器人快车软件左侧光电传感器模块库中找到"光电检测（数字）"图标，拖动至编程区中。

步骤 2：新建变量"left"和"right"用于存储光电传感器 P1 和 P2 返回的数据。

步骤 3：编写光电传感器均未检测到黑线时的程序，判断条件为"right==0&&left==0"，即变量"left"和"right"均不成立，如图 8-1-27 所示。

图 8-1-27　巡航功能初步程序

步骤 4：程序增加剩余 2 种情况的判断，如图 8-1-28 所示。

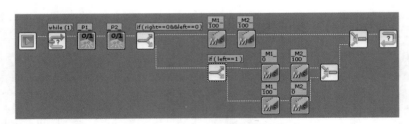

图 8-1-28　巡航功能最终程序

3. 调试运行

将程序载入控制器后，测试功能，然后根据需求进行软硬件调试。

请自主编程，完成十字交叉路口转弯的巡航控制，并画出控制流程图。

项目分享

方案 1：各工作团队展示交流项目，谈谈自己的心得体会，并选派代表分享交流。

方案 2：由学生代表与指导教师组成项目评审组，各工作团队制作汇报材料并进行答辩。

项目评价

请根据项目完成情况填涂表 8-1-4。

表 8-1-4　项目评价表

类　别	内　容	评　分
项目质量	1. 各个任务的评价汇总 2. 项目完成质量	☆☆☆
团队协作	1. 团队分工、协作机制及合作效果 2. 协作创新情况	☆☆☆
职业规范	1. 项目管理、实施环境规范 2. 项目实施过程、相关文档的规范	☆☆☆
建议		

注："★☆☆"表示一般，"★★☆"表示良好，"★★★"表示优秀。

项目总结

本项目依据行动导向理念，将现实生活中的热点问题机器人及简易机器人搭建调试的工作过程转化为本项目的学习内容，共分为搭建简易机器人、编制机器人程序、控制机器人避障、实现机器人巡航 4 个任务。在"搭建简易机器人"任务中学会机器人的结构、组成部件和搭建；在"编制机器人程序"任务中学会使用机器人编程软件、机器人程序的编制和调试，最后让机器人动起来；在"控制机器人避障"任务中学会安装超声波传感器，并且了解三种程序结构，体验机器人自动避障的程序编制与调试；在"实现机器人巡航"任务中学会光电传感器的安装，并利用光电传感器识别环境光度，从而实现让机器人按轨迹运行。

项目拓展　　　　　　**机器人赛车比赛**

1. 项目背景

　　学校要组织一场机器人运动会，其中一个项目是机器人方程式赛车比赛，要求大家组装一个机器人赛车在正方形赛道中按黑色轨迹运行，运行时间最短的机器人将获得冠军。

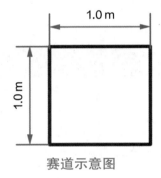

赛道示意图

　　小提示：图中尺寸和路径仅做参考，可根据实际情况进行修改。

2. 预期目标

1）搭建一个多传感器的简易机器人；

2）调试机器人按照轨迹快速运行。

3. 项目资讯

1）搭建赛车机器人需要的传感器有＿＿＿＿＿＿＿＿＿＿＿＿＿＿＿＿＿＿＿＿＿＿＿

2）赛车机器人如何实现在轨迹直角处转弯？

＿＿＿

＿＿＿

4. 项目计划

绘制项目计划思维导图。

5. 项目实施

任务 1：机器人搭建

（1）机器人组成部件调研

思考机器结构，填写下表。

序　号	搭建结构件名称	功　能
1	机器人控制器	
2	马达	
3	传感器	

（2）系统搭建

综合以上进行机器人硬件搭建

小提示：在本任务中使用四个光电传感器搭建。

任务 2：机器人程序编写

（1）机器人程序结构调研

序　号	程序步骤	功　能
1	程序开始	
2	首先读取光电传感器的返回值，并从左至右分别赋值给变量"左""中左""中右""右"	
3	当左检测到黑线时，向左急转弯	
4	当右检测到黑线时，向右急转弯	
5	当中左和中右同时检测到黑线时，直行	
6	当只有中左检测到黑线时，向左微调	
7	当只有中右检测到黑线时，向右微调	
8	循环执行以上步骤	

（2）调试机器人

将编制好的程序下载到机器人中，并交给同学进行测试。

6. 项目总结

（1）过程记录

记录项目实施过程中的各种情况，为工作总结提供依据，如表格不够，可自行加页。

序　号	内　　容	思考及解决方法
1		
2		
3		

（2）工作总结

从整体工作情况、工作内容、反思与改进等几个方面进行总结。

7. 项目评价

内　　容	要　　求	评　分	教师评语
项目资讯（10分）	回答清晰准确，紧扣主题，没有明显错误		
项目计划（10分）	计划清楚，图表美观，能根据实际情况进行修改		
项目实施（60分）	实施过程安全规范，能根据项目计划完成项目		
项目总结（10分）	过程记录清晰，工作总结描述清楚		
态度素养（10分）	按时出勤、积极主动、清洁清扫、安全规范		
合计	依据评分项要求评分合计		

项目 **2** 工业机器人仿真操作

项目背景

小小观看了中央电视台的纪录片——大国重器，对里面拥有核心自主智能产权的工业机器人印象深刻，很想亲自操作工业机器人，但条件有限，通过多方了解可以使用机器人仿真软件进行体验。

项目分析

本项目是在了解工业机器人的概念、分类等相关知识基础上，使用仿真软件体验工业机器人的仿真操作。

学习目标

- 了解工业机器人的概念、分类。
- 会利用仿真软件对工业机器人进行简单操作。

项目准备

1. 工业机器人

工业机器人即面向工业领域的机器人，它是集机械、电子、控制、计算机、传感器、人工智能等多学科先进技术于一体的自动化装备，是智能制造业最具代表性的装备，它被广泛应用于电子、物流、化工等各个工业领域之中。如图 8-2-1 所示。

图 8-2-1　工业机器人

当前，工业机器人正在向着智能化、信息化、网络化方向发展，按照应用领域可以分为码垛机器人、焊接机器人、装配机器人等。

（1）码垛机器人

码垛机器人适用于箱装、袋装、桶装等物料的码垛和搬运，广泛应用于饮料、瓶装水、面粉、化肥和水泥等产品的生产。它一方面可以改善工人的劳动条件，使工人从高强度的体力劳动中解脱出来；另一方面，一台码垛机器人至少可以代替 3~4 个工人的工作量，大大削减了人工成本，提高了企业生产力，如图 8-2-2 所示。

图 8-2-2　码垛机器人

（2）焊接机器人

焊接机器人是从事焊接（包括切割与喷涂）的工业机器人，它响应时间短，动作迅速，工作效率远远高于手工焊接，同时还能减少焊接对工人的伤害。焊接机器人在焊接难度、焊接数量、焊接质量等方面有着人工焊接无法比拟的优势，如图 8-2-3 所示。

图 8-2-3　焊接机器人

（3）装配机器人

在工业生产中，零件的装配是一件工程量极大的工作，需要大量的劳动力，人力装配出错率高、效率低，因而逐渐被工业机器人代替。装配机器人具有精度高、灵活性大、工作范围小、耐用程度高等特点，广泛应用于汽车及其部件、电器制造、玩具、机电产品等的装配，如图 8-2-4 所示。

图 8-2-4　装配机器人

2. 工业机器人仿真软件

工业机器人仿真软件可以在制造单机和生产线产品之前模拟出实物，这不仅可以缩短生产的工期，还可以避免不必要的返工。常用的系统有 InteRobot、RobotMaster、RobotArt 等，这些软件功能类似。其中 InteRobot 是由华中科技大学国家数控系统工程技术研究中心和企业联合开发的计算机仿真软件，使用这些软件之前需要了解以下知识。

（1）工业机器人示教

使用工业机器人完成工作任务，需经过 5 个工作环节，包括工艺分析、运动规划、示教前准备、示教编程、程序测试等，如图 8-2-5 所示。

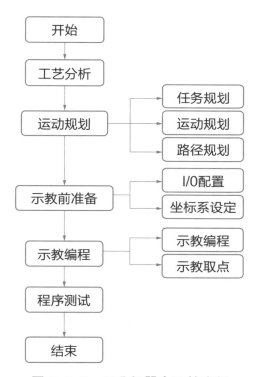

图 8-2-5　工业机器人示教流程

示教前需要调试工具，并根据所需要的控制信号配置 I/O 接口信号，设定工具和工件坐标系；在编程时，使用示教器编制程序取示教目标点。程序编制好后，进行测试，根据实际需要增加一些中间过渡点。

（2）工业机器人坐标系

工业机器人坐标系是为确定机器人的位置和姿态而在机器人或空间上进行的位置指标系统，坐标系包含世界坐标系、基坐标系、工具坐标系、工件坐标系、关节坐标系，如图 8-2-6 所示。

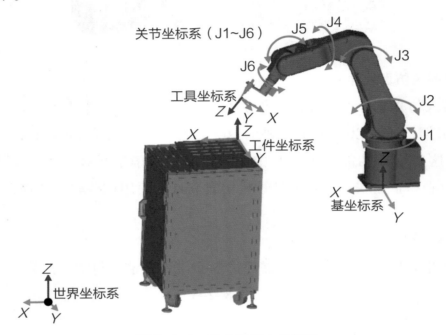

图 8-2-6　工业机器人坐标系

①世界坐标系是固定在空间上的标准直角坐标系，它被固定在事先确定的位置。基坐标系和工件坐标系都是参照世界坐标系建立的。

②基坐标系位于机器人基座，由机器人底座基点与坐标方位组成，该坐标系是机器人其他坐标系的基础，任何机器人都离不开基坐标系。

③工具坐标系用来确定工具的位置，它由工具中心点 (TCP) 与坐标方位组成。工具坐标系必须事先进行设定。机器人联动运行时，TCP 必须进行配置。

④工件坐标系用来确定工件的位置，它由工件原点与坐标方位组成。

⑤关节坐标系是设定在机器人关节中的坐标系，是每个轴相对其原点位置的绝对角度。

（3）工具中心点

初始状态的工具中心点是工具坐标系的原点。为完成各种作业任务，需要在工业机器人末端安装各种不同的工具，如喷枪、抓手、焊枪等，这些工具的形状、大小各不相同，在更换或调整之后，机器人的实际工作点相对于机器人末端的位置会发生变化。

目前普遍采用的方法是在机器人工具上建立一个工具坐标系，其原点即为工具中心点，机器人在此坐标系内进行编程。当工具调整后，只需重新标定工具中心点的位置，即可使机器人重新投入使用。

（4）工业机器人运动轴

机器人运动轴是指操作本体的轴，形式从一轴到六轴均有，如表 8-2-1 所示为常见工业机器人运动轴。

表 8-2-1　常见工业机器人运动轴

轴类型	轴名称	动作说明
定位轴（基本轴）	一轴（A1）	底座回旋
	二轴（A2）	大臂俯仰
	三轴（A3）	小臂俯仰
姿态轴（腕部运动）	四轴（A4）	小臂翻转运动
	五轴（A5）	手腕上下摆动
	六轴（A6）	手腕旋转运动

目前生产中使用的工业机器人以六轴工业机器人较多，如图 8-2-7 所示。

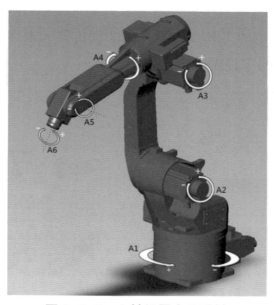

图 8-2-7　六轴机器人运动轴

本项目使用 InteRobot 仿真软件体验机器人仿真操作。

1. 下载安装仿真软件

从华数机器人官方网站下载 InteRobot 试用版机器人离线编程软件，然后根据提示完成安装并运行。

2. 导入机器人

新建文件后，从机器人库中导入机器人，如图 8-2-8 所示。

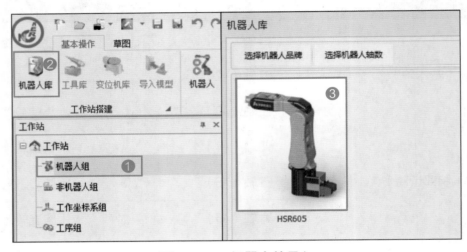

图 8-2-8　机器人的导入

3. 选择工具（夹具）

从工具库中，选择合适的工具或夹具，添加到机器人末端，如图 8-2-9 所示，可根据不同应用场景选择不同的工具或夹具。

图 8-2-9　工具（夹具）导入

4. 操作机器人

打开"机器人属性"窗口，结合前面讲的工业机器人运动轴，体验机器人各轴的运动情况，实现对工业机器人的操作，如图 8-2-10 所示。

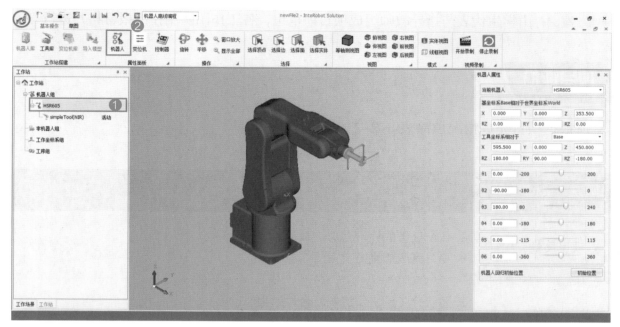

图 8-2-10　工业机器人的操作

1. 从仿真软件中导入一款机器人，然后观察其组成结构，分析共有几个轴，每个轴的运动方向是什么？

2. 结合当地情况，分组讨论工业机器人还可以应用到哪些方面？

项目分享

方案1：各工作团队展示交流项目，谈谈自己的心得体会，并选派代表分享交流。

方案2：由学生代表与指导教师组成项目评审组，各工作团队制作汇报材料并进行答辩。

项目评价

请根据项目完成情况填涂表8-2-2。

表8-2-2　项目评价表

类　别	内　容	评　分
项目质量	1. 各个任务的评价汇总 2. 项目完成质量	☆☆☆
团队协作	1. 团队分工、协作机制及合作效果 2. 协作创新情况	☆☆☆
职业规范	1. 项目管理、实施环境规范 2. 项目实施过程、相关文档的规范	☆☆☆
建议		

注："★☆☆"表示一般，"★★☆"表示良好，"★★★"表示优秀。

项目总结

本项目是在了解工业机器人的概念、分类基础上，利用仿真软件对工业机器人进行简单操作，学会仿真软件的下载与安装、机器人导入、工具（夹具）导入，并体验机器人仿真操作，为后续的学习打下基础。

项目拓展　　　　　**工业机器人装配应用编程**

1. 项目背景

装配是生产制造业的重要环节，而随着生产制造结构复杂程度的提高，装配机器人将代替传统人工装配成为装配生产线上的主力军，可胜任大批大量、重复性的工作。下图为装配机器人在汽车生产中的应用。

汽车制造装配

装配机器人是柔性自动化生产线的核心设备，由机器人本体、控制器、末端执行器和传感系统组成。其中机器人本体的结构类型有水平关节型、直角坐标型、多关节型和圆柱坐标型等；控制器一般采用多 CPU 或多级计算机系统，实现运动控制和运动编程；末端执行器为适应不同的装配对象而设计成各种手爪和手腕等；传感系统用来获取装配机器人与环境和装配对象之间相互作用的信息。装配机器人的执行机构，由末端执行器、手腕、手臂和机座组成。

装配机器人的分类一般分为工业机器人、操作性机器人、智能机器人三大类别。装配是产品生产的后续工序，在制造业中占有重要地位，在人力、物力、财力消耗中占有很大比例。装配用机器人是用于装配生产线上，对零件或部件进行装配作业的工业机器人，它是集光学、机械、微电子、自动控制和通信技术于一体的产品，具有很高的功能和附加值。

2. 预期目标

1）了解工业机器人程序的单步、连续等运行方式；

2）了解工业机器人系统程序、参数等 U 盘数据备份方法；

3）会使用示教器编制简单的装配应用程序。

3. 项目资讯

1）装配机器人是柔性自动化生产线的核心设备，由_____、_____、_____和传感系统组成。

2）机器人本体的结构类型有_____、_____、_____和圆柱坐标型等。

3）工业机器人的执行机构，由_____、_____、_____和_____组成。

4）装配机器人的分类一般分为_____、_____、_____三大类别。

5）装配机器人是集_____、_____、_____、_____和通信技术于一体的产品。

4. 项目计划

绘制项目计划思维导图。

5. 项目实施

任务 1：建立程序

创建并正确命名柔轮组件装配例行程序，命名规则为："ZZPA"，对工业机器人进行现场综合应用编程，完成 2 套柔轮组件成品的装配及入库过程。

任务 2：工件准备

原料仓储模块安装在工作台指定位置，按照下图所示摆放轴套、波发生器和柔轮。

工件准备

任务 3：装配过程

进行工业机器人相关参数设置，完成工业机器人现场综合应用编程，实现工业机器人自动装配 2 套柔轮组件成品并将柔轮组件成品入库的任务，并进行程序备份。

1）系统初始复位：手动将平口夹爪工具放置在快换工具模块上，将旋转供料模块进行复位。

2）抓取平口夹爪工具：手动加载工业机器人程序，按下绿色启动按钮，工业机器人从工作原点开始，自动抓取平口夹爪工具，抓取完成后返回工作原点。

3）第一个柔轮搬运：工业机器人自动抓取一个柔轮放到旋转供料模块检测传感器上方的库位中，柔轮与旋转供料模块库位完全贴合。

4）第一套柔轮组件装配：工业机器人自动抓取一个波发生器并装配到旋转供料模块中的柔轮中，工业机器人自动抓取一个轴套并装配到旋转供料模块中的波发生器。

完成第一套柔轮组件成品装配

5）旋转供料模块：完成第一套柔轮组件装配后，旋转供料模块顺时针旋转 60°。

6）第二个柔轮搬运：工业机器人自动抓取一个柔轮放到旋转供料模块检测传感器上方的库位中，柔轮与旋转供料模块库位完全贴合。

7）第二套柔轮组件装配：工业机器人自动抓取一个波发生器并装配到旋转供料模块中的柔轮中，工业机器人自动抓取一个轴套并装配到旋转供料模块中的波发生器中。

完成第二个柔轮组件成品装配

8）系统结束复位：完成第二套柔轮组件成品的装配及入库后，工业机器人自动将平口夹爪工具放入快换装置并返回工作原点。

6. 项目总结

（1）过程记录

记录项目实施过程中的各种情况，为工作总结提供依据，如表格不够，可自行加页。

序　号	内　容	思考及解决方法
1		
2		
3		

（2）工作总结

从整体工作情况、工作内容、反思与改进等几个方面进行总结。

7. 项目评价

内　容	要　求	评　分	教师评语
项目资讯（10分）	回答清晰准确，紧扣主题，没有明显错误		
项目计划（10分）	计划清楚，图表美观，能根据实际情况进行修改		
项目实施（60分）	实施过程安全规范，能根据项目计划完成项目		
项目总结（10分）	过程记录清晰，工作总结描述清楚		
态度素养（10分）	按时出勤、积极主动、清洁清扫、安全规范		
合计	依据评分项要求评分合计		

项目 **3**　　　　　　　　　　**无人机航拍**

项目背景

　　小小的叔叔家有几百亩的乡村旅游观光农场，为了做农场的宣传，需要拍摄宣传视频，小小尝试使用无人机进行航拍，完成宣传视频素材的收集。

项目分析

　　使用无人机航拍，要先了解无人机相关知识，选择一款满足要求的无人机进行安装，然后在符合安全操作规范的情况下驾驶无人机进行拍摄，最后能根据需求规划航拍路线实现自动航拍。项目结构如图 8-3-1 所示。

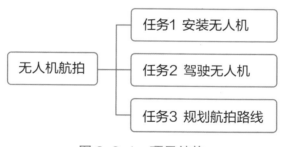

图 8-3-1　项目结构

学习目标

- 了解无人机相关知识，并能正确安装。
- 会驾驶无人机进行拍摄，能简单编辑拍摄的素材。
- 能根据环境规划航拍路线。

任务 ① 　安装无人机

任务描述

小小发现无人机系统种类繁多，其结构、功能各有不同，在使用无人机航拍前，需要选择适合的无人机并将它组装好。

任务分析

安装无人机，要在了解无人机的结构基础上，按顺序安装。本任务先把无人机机臂展开，然后再安装螺旋桨、电池和储存卡，最后进行测试。

任务准备

1. 无人机

无人机是无人驾驶飞机的简称，是利用无线电遥控设备和自备的程序控制装置操纵的不载人飞机。无人机按照飞行平台构型分类，可分为固定翼无人机、旋翼无人机、无人飞艇、伞翼无人机等。其中旋翼无人机广泛应用于航拍中，常见的有四旋翼无人机、六旋翼无人机、八旋翼无人机等，如图 8-3-2~ 图 8-3-4 所示。

图 8-3-2　四旋翼无人机

图 8-3-3　六旋翼无人机

图 8-3-4　八旋翼无人机

2. 无人机的主要部件

（1）存储卡

存储卡是一种基于半导体快闪记忆器的存储设备，被广泛地用于数码相机、平板电脑和多媒体播放器等便携式装置上，一般是卡片的形态，故统称为"存储卡"。无人机拍摄时对存储卡的要求较高，最好选择 128 GB 及以上的高速存储卡，图 8-3-5 为高速储存卡。

（2）螺旋桨和电机桨座

螺旋桨分为两种，一种是桨叶底部有白色环的螺旋桨，另一种是桨叶底部没有白色环的螺旋桨，如图 8-3-6 所示。

图 8-3-5　高速储存卡

图 8-3-6　螺旋桨

电机桨座又分为两种：一种有白色环；另一种没有白色环，如图 8-3-7 所示。有白色环的电机桨座和螺旋桨，代表着它们将顺时针旋转；反之，逆时针旋转。

图 8-3-7　电机桨座

本任务是拍摄乡村旅游宣传视频，拍摄地区地域广袤、地形复杂、人口稀少，要求无人机轻便，易于携带，稳定性高，飞行时间长。本次航拍选用大疆公司的四旋翼无人机，如图 8-3-8 所示。接下来进行无人机的安装。

图 8-3-8　航拍无人机

1. 展开机臂

在进行安装前，先展开前机臂，再展开后机臂，使无人机机臂完全展开，如图 8-3-9
和图 8-3-10 所示。

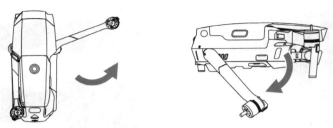

图 8-3-9　展开前、后机臂

图 8-3-10　展开后的效果图

2. 安装电池

安装无人机电池时要安装到位，避免脱落，如图 8-3-11 所示。

图 8-3-11　安装电池

3. 安装螺旋桨

安装前，将有白色环的螺旋桨和白色环的电机桨座配对，如图 8-3-12 所示，使它们
相互对应。安装时，将桨帽嵌入电机桨座并按压到底，沿锁紧方向旋转螺旋桨到底，松开
后螺旋桨将弹起锁紧，如图 8-3-13 所示。安装完毕后，展开螺旋桨，如图 8-3-14 所示。

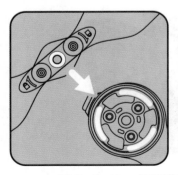 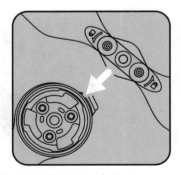

图 8-3-12　螺旋桨和电机桨座匹配示意图

图 8-3-13　锁紧螺旋桨示意图

图 8-3-14　安装完后的效果图

4. 安装储存卡

打开无人机 Micro SD 卡槽，把存储卡插入卡槽内，注意正反方向，如图 8-3-15 所示。

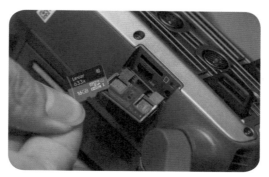

图 8-3-15　安装存储卡

1. 查询资料了解无人机的主要厂商及代表商品。

2. 访问京东官网，搜索调查销量最高的 3 款无人机，了解它们的功能及主要构成。

驾驶无人机

任务描述

　　无人机安装好了，接下来小小需要手动驾驶无人机进行航拍，还要将航拍的视频进行简单的编辑。

任务分析

　　驾驶无人机，需做好起飞前的准备、起飞前的安全检查、返航前和降落后的安全检查，还要学会将所拍摄的视频素材进行编辑和分享。

任务准备

1. 飞行原理

　　四旋翼无人机的飞行原理是通过电机带动螺旋桨转动，使螺旋桨产生升力，无人机升起。转动过程中由于受到空气阻力，形成与转动方向相反的反扭矩，为了克服反扭矩的影响，旋翼无人机上装配了 2 个正桨、2 个反桨，并且在对角线的两个旋翼转动方向相同，如图 8-3-16 所示。

2. 指南针

　　使用无人机前需要对无人机指南针进行校准。根据提示，将无人机水平旋转360°，在绿灯亮后，将机头朝下再垂直旋转360°，校准完后会提示校准成功。若不成功，则需重新操作或换个地方校准，如图 8-3-17 和图 8-3-18 所示。

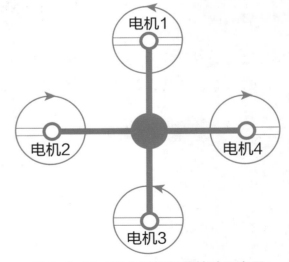

图 8-3-16　无人机螺旋桨转动示意图

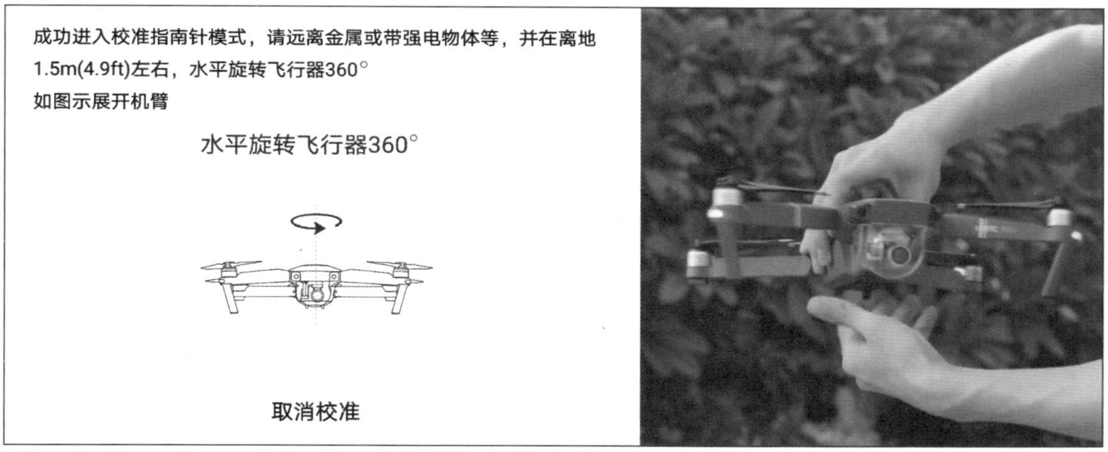

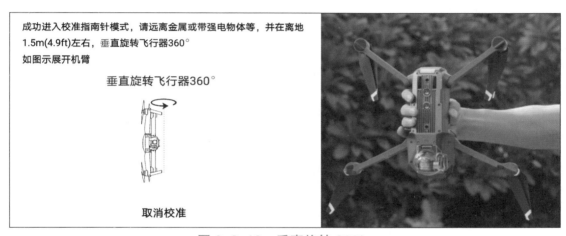

图 8-3-17　水平旋转 360°

图 8-3-18　垂直旋转 360°

3. 控制摇杆

（1）左侧摇杆向上推是上升，向下拉是下降，向左推是逆时针旋转，向右推是顺时针旋转，如图 8-3-19 所示。

（2）右侧摇杆向上推是向前飞行，向下拉是为向后飞行，向左推是向左飞行，向右推是向右飞行，如图 8-3-19 所示。

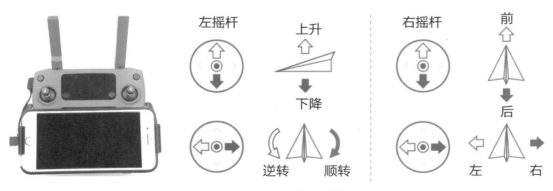

图 8-3-19　无人机摇杆操作示意图

4. 飞行模式

无人机的飞行模式分别是 GPS 模式（P 模式）、运动模式（S 模式）、姿态模式（A 模式），其区别如表 8-3-1 所示，切换方式如图 8-3-20 所示。

表 8-3-1　无人机飞行模式的区别

模式	别称	功能作用
GPS 模式	P 模式	适合新手的模式（使用最频繁的一种模式），可定点定位。无人机使用 GPS 模块或多方位视觉系统实现精确悬停，指点飞行、规划航线等都需要在该模式下进行。GPS 信号良好时，无人机可以实现精准定位；GPS 信号较差但光照良好时，无人机利用视觉系统实现定位，但悬停精度会变差；GPS 信号较差且光照条件也不佳的时候，无人机不能实现精确悬停，仅提供姿态增稳，无人机此时相当于姿态模式
运动模式	S 模式	在该模式下，无人机通过 GPS 模块或视觉系统实现精确悬停。相比 GPS 模式，该模式下操作无人机时灵敏度更高、速度更快。该模式主要为满足部分熟练飞手体验竞速而设置，不建议新手尝试
姿态模式	A 模式	在该模式下，不使用 GPS 模块和视觉系统进行定位，无人机仅提供姿态增稳。在实际操作中，无人机会明显地出现飘移，无法悬停，需要飞手通过遥控器来不断修正无人机的位置。姿态模式考验的是飞手对于无人机的操控性，在一些紧急情况下，需要切换姿态模式

图 8-3-20　无人机飞行模式切换方式

1. 起飞前的准备

步骤 1：取下镜头保护装置，如图 8-3-21 所示。

步骤 2：选择合适的数据连接线接头，把手机连接到遥控器上，如图 8-3-22 所示。

图 8-3-21　移除保护装置

图 8-3-22　手机和控制器连接

步骤 3：按下电源键，启动无人机，检查云台自检是否成功，如图 8-3-23 和图 8-3-24 所示。

图 8-3-23　无人机启动

图 8-3-24　云台自检

步骤 4：开启控制器，启动飞行控制软件并进入飞行控制界面，如图 8-3-25 所示。

图 8-3-25　飞行控制界面

2. 飞行前的安全检查

起飞前对照表 8-3-2 所列内容，对无人机飞行进行安全检查并做好记录。

表 8-3-2 起飞前的安全检查

项目	内 容	符合打"√"	不符合要求的原因
天气良好	无雨、雪、大风		
起飞场地	空旷无遮挡、起飞点地面平整；检查场地四周是否有电线/天线/树枝/发射塔/基站等干扰物，远离人群、鸟群、风筝		
	大型活动场所、公民聚居区、车站、码头、港口、广场、公园、景点、商圈、学校、医院等人员密集区域		
安装检查	电池/存储卡/天线/平板电脑或手机		
遥控器	确认遥控器 P 模式并打开，确认遥控器电量		
平板电脑或手机	切换到飞行模式并开启 APP		
云台相机	去除机身云台卡扣，确认镜头干净、无遮挡口		
无人机	在空旷平坦处（周边及上方无障碍，关系返航点）打开机身电源，确认电池电量		
	确认 GPS 信号良好/WiFi 信号		
	新手模式/飞行模式		
	失控处理：返航和返航高度设置		
	电量（飞机、遥控、手机）/电池温度 >25 ℃		
	校准指南针/IMU 检查（指南针干扰会自动进入 ATTI 模式，此时需上升飞机避免干扰和撞击，并尽快返航）		
	安装螺旋桨并拧紧，水平放置飞行器，机头向前		
	启动摄像		
	启动无人机，静等 3 秒起飞		
	上升 1.5 米悬停检测：姿态稳定、操控正常		
	确保飞行方向和遥控器间无障碍物阻挡		

3. 操作无人机拍摄

无人机起飞后，手动操作无人机采用不同方式和手法，从各个角度对乡村进行拍摄，取得原始素材，如图 8-3-26 所示。

图 8-3-26　无人机飞行拍摄状态

国家对民用无人机使用制定了相关法律法规，针对飞行空域、飞行运行、无人机驾驶员、安全飞行等做了明确规定。并禁止在以下区域飞行：机场、军事基地、重要政府机构、重要公共设施、深港边界、执法现场、火山活动区等，如图 8-3-27 所示。

按照法律法规要求，起飞航拍前，需取得无人机驾驶资格证，到当地公安机关备案，起飞前也需到相关部门进行报备。

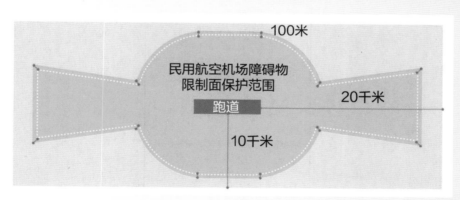

图 8-3-27　无人机禁飞区示意图

在图 3-27 中，以跑道两端中点向外延伸 20 千米，跑道两侧各延伸 10 千米，形成大致 20 千米宽、40 千米长的长方形区域为限高区（与禁飞区不相交的部分）。在限高区中，飞行器的限制飞行高度为 120 米。红色区域为禁飞区范围，灰色区域为 120 米限高区范围，虚线以内区域为民航局公布的民用航空机场障碍物限制面保护范围。

4. 返航安全检查

无人机完成拍摄任务后，按照表 8-3-3 中的内容，执行返航前和降落后的安全检查工作。

表 8-3-3　返航安全检查

项目	内容	符合打"√"	不符合要求的原因
环境	飞入可视范围内		
无人机	机尾面向自己		
	降落并停机		
	结束摄像		
	关闭飞行器电源		
遥控器	关闭遥控器电源		
云台相机	云台上锁		

5. 视频编辑和分享

航拍完成后，打开大疆无人机 APP 自带的视频编辑器，对所拍摄的视频或图片进行编辑（见图 8-3-28），配上合适的音乐，分享到各种宣传平台。

图 8-3-28　视频编辑器界面

分小组使用无人机在适合飞行的区域拍摄一段视频，并且进行处理后分享到班级群。

任务 3　　　　　　**规划航拍路线**

　　小小的叔叔看到航拍的宣传视频，非常满意，并提出可否规划一条专门的航拍线路，将乡村旅游农场最美的风景展示出来，让到访的游客可以进行体验。

　　进行航拍路线的规划，需要了解无人机飞行路线和周边的拍摄环境，再制定出具体的飞行航点和拍摄兴趣点。

1. 飞行航点

　　在 APP 地图中选择一个或多个航点，并设置相关参数，无人机将按照规划路线自动飞行到目标位置。

2. 航点、航线、航迹

　　航点指在无人机飞行的路线中需要经过的位置。航线指无人机所飞行的路线。航迹指由每个航点组合在一起所形成的线路。

3. 兴趣点

　　在图传画面或地图上选择一个建筑或物体作为拍摄点，无人机会环绕着这个点进行拍摄，且镜头将始终朝向该点进行环绕，直至点位调整。

4. 折线飞行与曲线飞行

　　折线飞行是飞到某航点时，悬于空中停止飞行，无人机本体改变航向（不是摄像头转向）后向下一个航点飞行，飞行航迹是折线。

　　曲线飞行是经过某航点之前，无人机本体开始慢慢转向，飞行航迹是一条圆弧线，且无人机可能不经过该航点。

5. 返航点

　　无人机在飞行过程中，GPS 信号首次达到 4 格以上时，将自动记录无人机当前位置为返航点，记录成功后，无人机状态指示灯将快速闪烁若干次。在正常飞行过程中，可以通过遥控器专用按键多次记录返航点，以最后记录的返航点作为无人机返航点。

6. 自动返航

当无人机成功记录返航点后，在 GPS 信号良好的情况下，且用户开启了智能返航、智能低电量触发智能低电量返航、遥控器与无人机之间失去通信信号触发失控返航时，无人机将自动返回返航点并降落。表 8-3-4 列出了三种返航的功能作用。

表 8-3-4　返航模式

模式	功能作用
智能返航	由用户主动触发，可长按遥控器智能返航按键或点击相机界面中的返航图标启动
智能低电量返航	无人机将根据飞行位置信息，智能判断当前电量是否充足。若当前电量仅足够完成返航过程，APP 将提示用户是否需要执行返航
失控返航	GPS 信号良好、指南针工作正常且无人机成功记录返航点，当无线信号中断 2 秒或以上，飞行 APP 控制系统将接管无人机控制权并参考原飞行路径规划路线，控制无人机飞回最近记录的返航点

1. 选择飞行模式

在空旷位置，启动无人机进入悬空飞行状态，点击 APP 上的智能飞行按钮，选择"航点飞行"模式，如图 8-3-29 所示。

图 8-3-29　航点飞行模式

2. 添加航点和兴趣点

选择地图模式，按照顺序添加多个航点和兴趣点，如图 8-3-30 和表 8-3-5 所示。

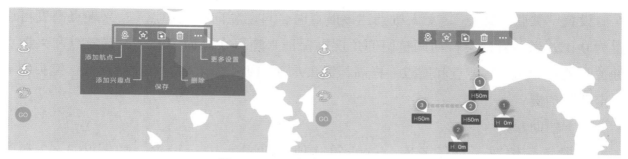

图 8-3-30　添加航点和兴趣点

表 8-3-5　点位设置（示例）

序号	航点	兴趣点	说明
1	村头至村尾为航点位置 （拍摄路线为乡村全貌）	无	航点参数：飞行高度为 120 米、速度为 6.0 m/s、跟随航线飞行、俯仰角 45°、开始录像
2	党群服务中心前后 50 米为航点位置 （拍摄路线经过便民服务中心）	村委会 便民服务 中心	航点参数：飞行高度为 100 米、速度为 4.0 m/s、跟随航线飞行；兴趣点参数：高度 60 米
3	以大榕树前后 20 米为航点位置 （拍摄路线经过榕树）	大榕树	航点参数：飞行高度为 30 米、速度为 3.0 m/s；兴趣点参数：高度 30 米
4	小溪前后 20 米为航点位置 （拍摄路线经过村中的小溪）	无	航点参数：飞行高度为 30 米、速度为 6.0 m/s、跟随航线飞行、俯仰角 45°、停止录像，拍摄照片
5	……	……	……

3. 设置参数

（1）飞行参数

根据实地情况，设置航点高度、飞行速度、飞行朝向、云台俯仰角、相机行为、关联兴趣点等参数，如图 8-3-31 所示。

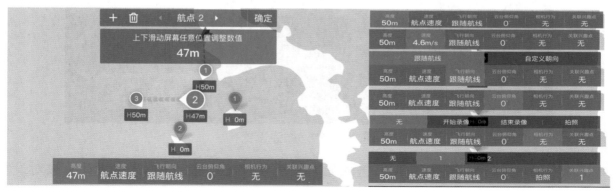

图 8-3-31　飞行参数设置

设置"关联兴趣点"，无人机到达该航点时，自动朝向"兴趣点"；兴趣点高度可设置为 0~120 米。云台会自动调整俯仰角度以保证兴趣点在画面中心。设置航点和兴趣点的关联关系，如果兴趣点和航点一样高，镜头水平拍摄；如果兴趣点比航点低，镜头朝下一定角度拍摄。

（2）辅助参数

根据实际情况，对任务库、航线等其他辅助参数进行设置，如图 8-3-32 和图 8-3-33 所示。

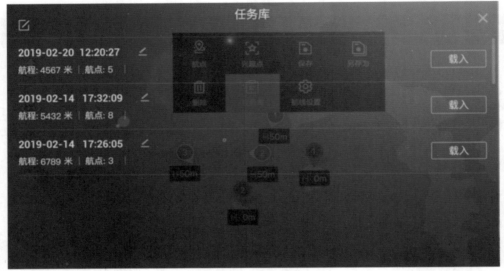

图 8-3-32　任务库设置

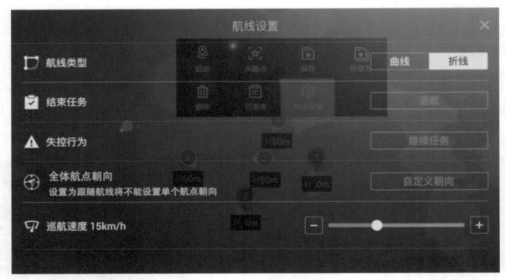

图 8-3-33　航线设置

设置完毕并保存，点击"GO"进入无人机任务检查列表，在列表中再认真核对设置的数据，最后点击"开始飞行"，如图 8-3-34 所示。此时，无人机将自动执行航线任务。

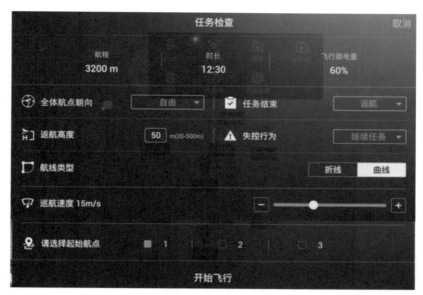

图 8-3-34　任务检查

　　为了避免距离远，造成无人机失控或无法图传，无人机飞行距离不超过 1 200 米，所以无人机飞行起点位置尽量选择规划路线的中心点，飞行半径可以设置为 1 000 米，整个航线规划可以覆盖 2 000 米。

4. 设置返航点

　　为避免因电量低、无人机失控而造成的无人机无法返航，在开始执行自动飞行前需设置返航点。

　　1. 学习和了解无人机的延时摄影、智能跟随、兴趣点环绕等其他智能飞行模式。

　　2. 设置好自动返航点后，体验无人机最大飞行距离。

项目分享

方案1：各工作团队展示交流项目，谈谈自己的心得体会，并选派代表分享交流。

方案2：由学生代表与指导教师组成项目评审组，各工作团队制作汇报材料并进行答辩。

项目评价

请根据项目完成情况填涂表8-3-6。

表8-3-6　项目评价表

类　别	内　容	评　分
项目质量	1. 各个任务的评价汇总 2. 项目完成质量	☆ ☆ ☆
团队协作	1. 团队分工、协作机制及合作效果 2. 协作创新情况	☆ ☆ ☆
职业规范	1. 项目管理、实施环境规范 2. 项目实施过程、相关文档的规范	☆ ☆ ☆
建议		

注："★☆☆"表示一般，"★★☆"表示良好，"★★★"表示优秀。

项目总结

本项目依据行动导向理念，将生活和行业中无人机航拍的工作过程转化为项目学习内容，共分为安装无人机、驾驶无人机和规划航拍路线3个任务。在"安装无人机"任务中介绍了电池、螺旋桨和存储卡的安装；在"驾驶无人机"任务中介绍了起飞前的准备、起飞的安全检查、驾驶无人机拍摄，以及返航安全检查和视频编辑与分享；在"规划航拍路线"任务中介绍了飞行模式选择、添加航点、参数设置和设置返航点的方法。

项目拓展　　　**无人机航拍学校艺体节**

1. 项目背景

学校将举办一年一度的艺体节，同时本届艺体节恰逢学校建校 40 周年，意义重大，从表演节目的遴选，到比赛项目的训练，全校师生都高度重视，积极筹备，为了留住节目和运动健儿的精彩瞬间，学校决定用无人机进行航拍。

2. 预期目标

1）会根据环境选择合适的无人机并进行安装、安全检查和调试；

2）能使用多种飞行模式进行航拍；

3）会利用视频编辑软件对拍摄的视频进行剪辑并进行发布。

3. 项目资讯

1）无人机按照飞行平台构型分类，可分为_____、_____、_____等。

2）四旋翼无人机的飞行原理是什么？_____。

3）无人机的飞行模式分别有_____、_____、_____。

4）国家相关法律法规对民用无人机飞行作出了明确规定：在限高区内，无人机最高飞行高度是_____米。

4. 项目计划

绘制项目计划思维导图。

5. 项目实施

任务 1：艺体节用无人机安装

（1）选择合适的航拍无人机

根据学校所在位置和环境，选择一款符合安全飞行的无人机并完成下表填写。

项　目	完成内容	项　目	完成内容
品牌名称		是否高清航拍	
规格型号		飞行高度	
无人机种类		飞行距离	
遥控方式		单电池飞行时间	
定位方式		电池数量	
具备的功能模式			

（2）安装桨叶、电池和存储卡

按照所选无人机使用说明，正确安装无人机桨叶、电池和存储卡确保稳固和正常工作，同时将安装好的无人机拍照。

任务 2：无人机安全检查和测试

（1）调试无人机

1）校准无人机指南针，并将校准过程拍照。

2）测试无人机控制摇杆能否正常使用，并将测试过程拍照。

3）测试无人机摄像和拍照功能是否正常，并将测试过程拍照。

（2）飞行环境安全检查

对飞行环境进行安全检查，并完成表格填写。

飞行安全检查表

序　号	检查标准	是否符合要求	备　注
1	起飞前先检查遥控器、智能飞行电池以及移动设备的电量是否充足		
2	螺旋桨是否正确安装		
3	确保已插入 Micro-SD 卡		

续表

序　号	检查标准	是否符合要求	备　注
4	电源开启后相机和云台是否正常工作		
5	开机后校准指南针，检查电机是否正常启动		
6	DJI GO App 是否正常运行，检查飞行状态列表		
7	周围环境是否符合飞行条件（建议在空旷的场地，避开高楼，人群）		
8	规划的航线，是否能保证足够的飞行空间，避免信号干扰		
9	对无人机的各组件进行检查，包括外壳是否有裂纹，零件是否松动等，保证无人机飞行过程中不受影响		

任务 3：驾驶无人机开展航拍任务

（1）熟练驾驶无人机拍摄艺体节节目

根据节目安排顺序，熟练驾驶无人机针对每个节目内容，采用多种飞行模式和航拍技术手段进行航拍，并保存好拍摄内容。

（2）跟拍模式拍摄竞赛项目环绕模式拍摄田赛项目

1）选择短跑和中长跑、接力赛等竞赛项目，采用跟拍模式（侧面、前后跟拍）对运动员的竞赛项目进行无人机拍摄，并保存好拍摄内容。

2）选择跳高、跳绳、实心球等田赛项目，采用无人机环绕模式拍摄运动场景，并保存好拍摄内容。

任务 4：视频制作与发布

（1）视频剪辑与编辑

把无人机拍摄各种片段视频，进行剪辑，选出精彩片段进行编辑组合并配上合适的音乐，并保留制作的视频资料。

（2）视频宣传发布

把制作好的航拍视频，交由指导老师审核通过后，发布到正规平台，对学校进行宣传，并拍照或截图发布图片。

6. 项目总结

（1）过程记录

记录项目实施过程中的各种情况，为工作总结提供依据，如表格不够，可自行加页。

序　号	内　　容	思考及解决方法
1		
2		
3		

（2）工作总结

从整体工作情况、工作内容、反思与改进等几个方面进行总结。

7. 项目评价

内　　容	要　　求	评　分	教师评语
项目资讯（10分）	回答清晰准确，紧扣主题，没有明显错误		
项目计划（10分）	计划清楚，图表美观，能根据实际情况进行修改		
项目实施（60分）	实施过程安全规范，能根据项目计划完成项目		
项目总结（10分）	过程记录清晰，工作总结描述清楚		
态度素养（10分）	按时出勤、积极主动、清洁清扫、安全规范		
合计	依据评分项要求评分合计		

项目 **4**　**服务机器人配置**

项目背景

学校要进行百年校庆，小小所在社团负责配置了一台服务机器人负责接待宾客，同时为了让更多的人了解学校情况，还开通了在线智能客服机器人，能自动在线回答问题。

项目分析

本项目中，在了解服务机器人相关知识基础上，学会安装、调试服务机器人，使之能实现人机交互，然后根据需求搭建在线的智能客服机器人。

学习目标

- 能为服务机器人选择合适充电位置及搭建知识库。
- 能正确设置服务机器人的各种参数并完成现场调试。
- 了解智能客服机器人的工作原理及搭建步骤。

任务 1　　　　　**配置服务机器人**

　**任务描述**

　　小小开心地看着配置给社团的这台服务机器人，在老师的指导下根据说明书完成服务机器人的安装与配置。

任务分析

　　配置服务机器人，先要为机器人找到符合要求的充电位置，并连接互联网，然后建设机器人知识库和规划导航路径，最后再根据场景需要对机器人其他工作模式进行配置。

任务准备

　　服务机器人是一种半自主或全自主工作的机器人，它能完成有益于人类的服务工作，但不包括从事生产的设备。目前服务机器人还不能完全代替人类，但是可以部分替换人力，减少对人力的依赖，比如在学校、医院、大型商场、银行、酒店以及政务大厅等公共服务区域，引入智能服务机器人，能够实现人机交互、自主讲解、引导等服务类工作，有效提升业务办理的效率。配置服务机器人前需要了解以下知识。

　　1. 服务机器人自动回充

　　服务机器人自动回充常见的是通过红外传感器实现精确定位。充电座不断发出信号，机器人运动底盘接收器接收到信号并成功定位，机器人自动返回充电座充电，如图8-4-1所示。

　　2. 服务机器人导航定位

　　自主定位导航是服务机器人实现智能化的前提之一，是赋予机器人感知和行动能力的关键因素。要实现精准定位，使机器人准确到达目的地执行任务，且不和途中任何障碍物相碰，主要有红外线导航定位、激光导航定位以及同步定位与地图构建导航等几种导航定位方式。如图8-4-2

图8-4-1　机器人充电示意图

所示为红外线导航定位。

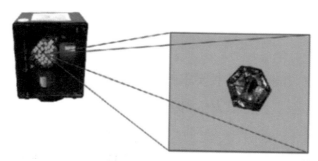

图 8-4-2　红外线导航定位示意图

3.服务机器人交互工作流程

①用户与服务机器人进行语音交互（手动触摸或人感触发等方式除外），机器人通过环麦传感器获取语音数据，经过通信网络传输至语音识别服务商的 ASR（语音识别）云引擎。

②采集获取的语音数据经过语音识别（ASR）处理得到文本信息，通过通信网络传输至 NLP（自然语言处理）语料库服务器端，进行语义分析和意图理解等流程的自动化操作，得到文本答案。

③将文本答案传输至 TTS（语音合成）平台，形成语音答案数据，再通过通信网络反馈给服务机器人，实现语音答案的播报，如图 8-4-3 所示。

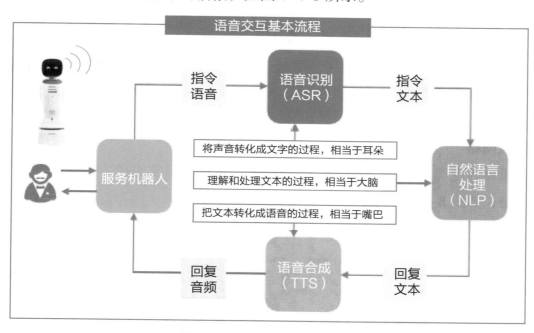

图 8-4-3　语音交互流程图

4.机器人知识库

知识库相当于服务机器人的大脑，是服务机器人的核心。存储着机器人对所有信息的认知概念和理解，为服务机器人提供源源不断的知识支持，让机器人能够智能地回答用户提出的各种问题。

1. 拆卸保护装置

打开机器人外包装，按照说明书要求拆卸服务机器人的保护装置。服务机器人各关节活动部位都有卡扣固定，不能暴力拆卸，以避免造成机器人硬件损坏或线路短路，如图 8-4-4 所示。

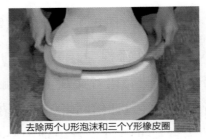

图 8-4-4　拆卸服务机器人保护装置示意图

2. 安装充电座

选择合适的位置作为机器人自动回充电点，如图 8-4-5 所示，需遵守以下原则：

①充电座周边空旷，左右两边 2 米内不能有障碍物，利于机器人返回。

②充电座必须靠墙紧贴放置，防止充电座在充电过程中晃动。

③墙体不能为不透明物，且墙体的高度需高于充电器的高度。

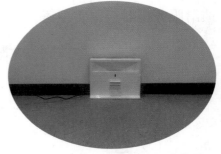

图 8-4-5　安装充电座示意图

3. 接入网络

打开机器人电源开关后，进入 WiFi 设置界面，选择相应的网络并进行配置，让机器人接入网络，如图 8-4-6 所示。

图 8-4-6　WiFi 设置

机器人网络要求上行速率 ≥ 4Mbps；若机器人使用 4G 或 5G 信号连接，则再连接WiFi 无效。

4. 建设知识库

搭建服务机器人的目的是为百年校庆接待服务，当参加校庆的人员在现场有需要时，能通过与服务机器人的交流得到所需要的内容，这就需要建立校庆接待的知识库，如图8-4-7 所示。

一级目录	二级目录	三级目录	标准问题	标准回答	关键词
学校概况	学校基本情况	学校简介	可以介绍下学校的基本情况吗?	××学校原名××，创办于19××年。20××年被评为国家级重点中等职业学校。20××年被教育部批准为国家中等职业教育改革发展示范校项目建设学校。20××年获教育部"全国教育系统先进集体"荣誉称号。学校占地面积262亩，建筑面积83 000平方米。学校现有4大专业部，共12个专业，在校学生4 500余人	介绍××学校
	学校特色	理念特色	学校的办学理念是什么?	办学理念：追求发展 满足需求	办学理念
			学校的校训是什么?	重德强技 自信成才	校训
			学校的校风是什么?	教真育爱知行合一	校风
			学校的教风是什么?	教而不厌诲人不倦	教风
			学校的学风是什么?	勤学善悟学做合一	学风
		目标定位	教师培养目标是什么?	建设一支师德高尚，学识渊博，技艺精湛，结构合理，充满活力和具有强烈使命感进取心的高素质专业化教师队伍	教师培养目标
			学生培养目标是什么?	培养具有人文素养、创新精神、动手能学、创业意识的德能兼备的高素质技能型高级蓝领人才	学生培养目标
			办学目标是什么?	"追求发展，满足需求"的办学理念，以"建设西部领先，全国一流的特色型示范性中职学校，服务区域经济"	办学目标
			发展思路是什么?	坚持"技能固本，人文立校，在创新中走向深刻"的发展思路	发展思路
			发展战略是什么?	坚持"就业有路、升学有望、创业有成、出国有门"的四轮驱动人才发展战略	发展战略

××学校校庆知识库建设示例

图 8-4-7　"知识库"建设示例

5. 地图规划

根据设计在活动场馆地图上标记导航点位，让服务机器人实现主动迎宾和巡游讲解，还可以根据客人的需要引导到指定位置，如图 8-4-8 所示。

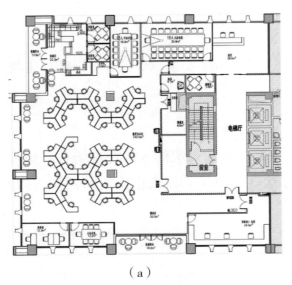
（a）

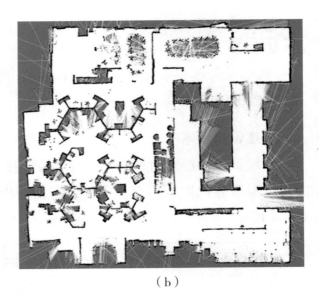
（b）

图 8-4-8　SLAM 构建地图与设计图对比

（a）设计图；（b）SLAM 产生的高精度地图

6. 工作模式设置

要使机器人能正常工作，还需要对机器人的相关参数进行设置，设置后的机器人将按照设置的数据执行任务，如图 8-4-9 所示。

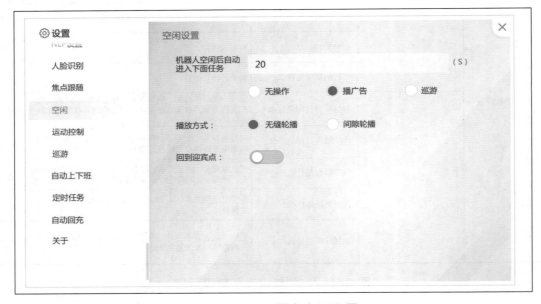

图 8-4-9　机器人空闲设置

7. 运行测试

完成以上操作后，接下来进行运行测试，如图 8-4-10 所示。在使用过程中不断调整和修改，直到满足现场的场景需要功能要求为止。

图 8-4-10　运行测试

任务延伸

1. 查阅资料了解服务机器人的保养手段和方法。
2. 描述配置服务机器人的步骤。

任务 ② 搭建智能客服机器人

任务描述

小小所在社团需要搭建一个在线的智能客服机器人，为各界社会人士和校友提供 24 小时在线咨询服务。

任务分析

作为校庆服务工作的补充，在线智能客服机器人需 24 小时在线，随时解答有关校庆问题，本任务首先需要选择适合场景的"平台系统"和"问答系统"类型，然后构建客服机器人的大脑——"知识库"，最后调试和上线运行。

任务准备

1. 智能客服机器人

智能客服机器人是基于 AI 技术与自然语言处理算法开发出来的程序，能够准确识别访客在线咨询内容的含义，快速确定对方想要咨询的项目和意图，并从知识库中智能提取对应解答的话术进行自动回复。

一个客服机器人可以同时接待几千甚至几万个访客的在线咨询，如图 8-4-11 所示。

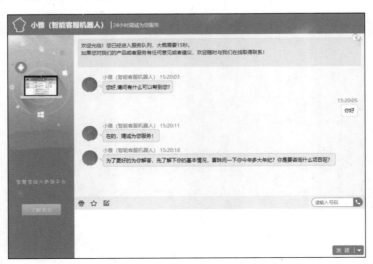

图 8-4-11　智能客服机器人示意图

2. 智能客服机器人的工作原理

智能客服机器人预先准备客户服务相关信息的问题和答案，整理成为知识库，当客服机器人接收到客户提出的问题后，通过自然语言处理技术和算法模型理解客户所表达的意思，找出与此问题匹配的答案并发送给客户，如图 8-4-12 所示。

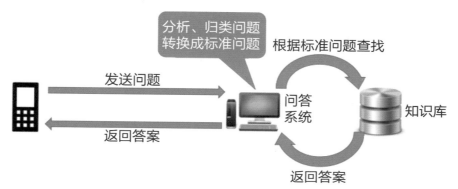

图 8-4-12　在线客服机器人工作流程图

3. 智能客服机器人知识库

智能客服机器人的知识库（图 8-4-13）就像人的大脑一样，这些信息内容以数据的形式存储在机器人的数据库中，在需要的时候被调出调用，自动回复客户。

图 8-4-13　知识库

1. 选择客服系统

智能客服机器人是搭载在客服系统上的一个核心功能，使用的前提是先进行客服系统的安装，目前常用的客服系统平台有 3 种方式可以选择，如表 8-4-1 所示。

表 8-4-1　常用的客服系统平台

系统平台	特性
服务商提供的客服机器人	目前市场上已有多种常见的智能客服机器人解决方案，为用户特定的业务需求提供服务。 根据行业和使用场景的不同，有多种选择，如客服型机器人、营销型电话外呼机器人、顾问型机器人等。用户可以根据自身需要选择最适合业务需求的机器人客服系统
开发客服机器人	用户自行组建技术团队，研发客服机器人，但该方式投入比较大，花费的时间成本和人力成本非常高
使用自助开发平台	目前，国内一些比较大的人工智能平台开始逐渐转向 AIaaS 模式，典型的有腾讯云、阿里云、百度云等企业。AIaaS 是 AI 开发平台把关于语音识别、自然语言处理、计算机视觉等 AI 领域下的多种服务在云端进行分散式提供

作为本次校庆服务的客服系统平台，要求稳定性强、功能齐全、性价比高，通过讨论分析，选择使用系统服务商提供的客服机器人更适合需求。

2. 选择问答系统

问答系统的核心在于同一个问题有很多不同的提问方式，问答系统需要正确地理解问题。问答系统通常分为问答型机器人、任务型机器人、闲聊型机器人，三者的设计分别针对不同的应用场景，如图 8-4-14 所示。

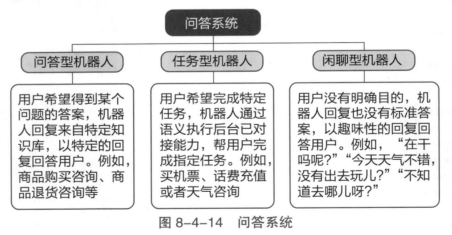

图 8-4-14　问答系统

根据需求，小小所在部门选择问答型机器人作为本次智能客服机器人的问答系统。

3. 配置知识库

用户通过网页或手机提问，智能客服机器人在后台进行处理，当正确理解问题后，系统程序不能凭空产生回答的问题，需要构建一个知识库。在制作"知识库"时要考虑周全，回答的问题尽量贴近现实，如表 8-4-2 所示样本。

表 8-4-2　客服机器人知识库建设（样本）

问题	答案
什么时候校庆？	202×年6月18日
具体地点在哪儿？	在新修的"××校区"学术大厅，……
交通如何解决？	机场和高铁站都有专人接待，……
住宿是否方便？	学校周边各个档次的酒店都有，价格合适，……
校庆需要几天时间？	2天时间，……
校庆有哪些流程？	先集中在学术大厅启动仪式，参观新校园，各学院展开研讨……

4. 运行调试

系统搭建好后，需对各模块的参数进行设置，最后进行功能测试和调整，如图 8-4-15 所示。

图 8-4-15　参数设置

5. 上线运行

将调试后的智能客服机器人系统接入学校官方网站或微信公众号，至此智能客服机器人搭建完成。

1. 各小组创建一套所读专业介绍的知识库，在网上搭建智能客服机器人系统。

2. 在老师的指导下，通过"腾讯云官网—解决方案—大数据—智能客服机器人"选择申请体验智能客服机器人的搭建。

项目分享

方案 1：各工作团队展示交流项目，谈谈自己的心得体会，并选派代表分享交流。

方案 2：由学生代表与指导教师组成项目评审组，各工作团队制作汇报材料并进行答辩。

项目评价

请根据项目完成情况填涂表 8-4-3。

表 8-4-3　项目评价表

类　别	内　容	评　分
项目质量	1. 各个任务的评价汇总 2. 项目完成质量	☆ ☆ ☆
团队协作	1. 团队分工、协作机制及合作效果 2. 协作创新情况	☆ ☆ ☆
职业规范	1. 项目管理、实施环境规范 2. 项目实施过程、相关文档的规范	☆ ☆ ☆
建议		

注："★☆☆"表示一般，"★★☆"表示良好，"★★★"表示优秀。

项目总结

　　本项目主要是认识和了解服务机器人，共分为"配置服务机器人"和"搭建智能客服机器人"两个任务。在"配置服务机器人"任务中介绍了充电座的安装、地图规划、知识库的建设，以及正确设置服务机器人各种参数；在"搭建智能客服机器人"任务中介绍了"客服系统"的选择、"问答系统"的选择、配置"知识库"和运行调试等。

项目拓展　智能移动机器人应用编程

1. 项目背景

在国内的移动机器人在工厂物流领域的应用还不多，产业也相对较小，但工厂对于移动机器人的认可度正在渐渐提高，国内制造业工厂以及物流场景的快速适应性要不断提高，以应对快速转变的市场。移动机器人这类高度自动化的柔性运输设备，会是将来产业升级的自动化大方向。

传统的有轨自动引导运输车（AGV）在工厂物流无人搬运领域充当主力军，发展出了电磁感应引导、磁条引导、二维码引导等引导方式，这些方式则需要在工厂建造时就预留出轨道等，不能灵活应对实际应用时现场的变化。导引线上出现障碍物时，只能停下，多机作业时也容易阻塞，影响作业效率。在许多需要灵活柔性搬运的场景中，这类（AGV）并不能满足大多数场景的需求。

随着如今传感器和人工智能技术的发展，引入传感器和智能算法来增强机器人的环境感知与自主导航能力，创新出适合更多场景应用的自主移动机器人，无需铺设轨道或二维码，陌生环境也能立即适应。

2. 预期目标

1）了解智能移动机器人基础功能测试的方法；

2）会使用第一视角遥控综合功能测试智能移动机器人；

3）会使用第三视角遥控控制方式综合功能测试智能移动机器人。

3. 项目资讯

1）智能移动机器人是一个集_____、_____、_____等多功能于一体的综合系统。

2）智能移动机器人集中了_____、_____、_____、计算机工程、_____以及_____等多学科。

3）智能移动机器人分为_____、_____、_____、_____、蠕动式机器人和游动式机器人等类型。

4）智能移动机器人系统主要由_____、_____、_____、_____、上位机系统、电源系统以及人机交互系统等组成。

5）智能移动机器人主要包括_____、_____、_____、_____、伺

服电机等部分组成。

6）NI myRIO 项目中的 LabVIEW 程序的函数接口包含_____、_____、_____，还包括_____、_____、_____、编码器、UART。

4.项目计划

绘制项目计划思维导图。

5.项目实施

任务1：将指定任务组件放置工作站1处

（1）距离传感器性能测试

一块挡板被放置在超声波传感器前，机器人必须做出预定响应，例如后退。

（2）机器人直线向前

机器人必须在场地地板上前进 100cm，前后误差 ±5cm。（运行距离场地内画线标注）

（3）机器人旋转

机器人必须在规定的 600mm×600mm 区域内完成 270° 旋转，误差 ±15°。

（4）机器人安全灯测试

机器人运行中，安全指示灯在通电工作状态时点亮，在车轮运动时闪烁。

（5）机器人提升电机测试

将有装载部件的指定部件箱抬起。

任务2：第一视角遥控综合功能测试

操作人员坐在球场边的桌子旁，背对着场地。操作人员的电脑将是开放的，操作人员将能够看到笔记本电脑屏幕，操作人员将可以看到显示器上显示的摄像机图像，发送到监视器的图像将来自机器人摄像机上的一个独立于 myRIO/Labview 控制系统的功能。

1）将工作站1任务指定的"卡车组件"（高尔夫球）放入任何一个组件载体架上，并将组件载体架上放至工作站1上。

2）将工作站 2 任务指定的"卡车组件"（高尔夫球）放入任何一个组件载体架上，并将组件载体架上放至工作站 2 上。

3）将工作站 3 任务指定的"卡车组件"（高尔夫球）放入任何一个组件载体架上，并将组件载体架上放至工作站 3 上。

任务 3：第三视角遥控控制方式综合功能测试

操作人员坐在球场边面对场地的桌子旁，操作人员的笔记本电脑将是开放的，操作人员将能够看到他们的笔记本电脑屏幕，远程操作，由操作人员进行远程操作，远程操作人员可以直接看到机器人和球场。

1）将工作站 4 任务指定的"卡车组件"（高尔夫球）放入任何一个组件载体架上，并将组件载体架上放至工作站 4 上。

2）将工作站 5 任务指定的"卡车组件"（高尔夫球）放入任何一个组件载体架上，并将组件载体架上放至工作站 5 上。

3）将工作站 6 任务指定的"卡车组件"（高尔夫球）放入任何一个组件载体架上，并将组件载体架上放至工作站 6 上。

6. 项目总结

（1）过程记录

记录项目实施过程中的各种情况，为工作总结提供依据，如表格不够，可自行加页。

序　号	内　容	思考及解决方法
1		
2		
3		

（2）工作总结

从整体工作情况、工作内容、反思与改进等几个方面进行总结。

7. 项目评价

内　容	要　求	评　分	教师评语
项目资讯（10分）	回答清晰准确，紧扣主题，没有明显错误		
项目计划（10分）	计划清楚，图表美观，能根据实际情况进行修改		
项目实施（60分）	实施过程安全规范，能根据项目计划完成项目		
项目总结（10分）	过程记录清晰，工作总结描述清楚		
态度素养（10分）	按时出勤、积极主动、清洁清扫、安全规范		
合计	依据评分项要求评分合计		